計算せんもんドリル

5年

JN132644

5年	組

特色と使い方

● このドリルは、計算力を付けるための計算問題をせんもんにあつかったドリルです。

● 教科書ぴったりトレーニングに、このドリルの何ページをすればよいのかが書いてあります。教科書ぴったりトレーニングにあわせてお使いください。

🐾 もくじ 🐾

🏠 おうちのかたへ

・お子さまがお使いの教科書や学校の学習状況により、ドリルのページが前後したり、学習されていない問題が含まれている場合がございます。お子さまの学習状況に応じてお使いください。

・お子さまがお使いの教科書により、教科書ぴったりトレーニングと対応していないページがある場合がございますが、お子さまの興味・関心に応じてお使いください。

1 小数×小数 の筆算①

1 次の計算をしましょう。　　　　　　　　　　月　　　日

① 　 1.4
　 ×2.1

② 　 5.8
　 ×3.7

③ 　 0.8 3
　×　 4.6

④ 　 2.1 5
　×　 9.3

⑤ 　 4.3
　×0.7 5

⑥ 　 3.6
　×1.7 5

⑦ 　 0.6 2
　×0.7 8

⑧ 　 0.9 3
　×0.0 4

⑨ 　 0.0 5
　×0.8 6

⑩ 　 0.0 7
　×2.9 1

2 次の計算を筆算でしましょう。　　　　　　　月　　　日

① 7.3×5.2

② 0.32×5.5

③ 7.8×2.01

1 次の計算をしましょう。

月　　日

①
$$\begin{array}{r} 4.2 \\ \times 0.8 \\ \hline \end{array}$$

②
$$\begin{array}{r} 7.7 \\ \times 7.6 \\ \hline \end{array}$$

③
$$\begin{array}{r} 2.81 \\ \times\ \ 6.5 \\ \hline \end{array}$$

④
$$\begin{array}{r} 0.55 \\ \times\ \ 6.8 \\ \hline \end{array}$$

⑤
$$\begin{array}{r} 2.5 \\ \times 0.79 \\ \hline \end{array}$$

⑥
$$\begin{array}{r} 0.89 \\ \times 0.71 \\ \hline \end{array}$$

⑦
$$\begin{array}{r} 0.06 \\ \times 0.99 \\ \hline \end{array}$$

⑧
$$\begin{array}{r} 0.85 \\ \times 0.04 \\ \hline \end{array}$$

⑨
$$\begin{array}{r} 147 \\ \times\ \ 3.4 \\ \hline \end{array}$$

⑩
$$\begin{array}{r} 9.4 \\ \times 18.9 \\ \hline \end{array}$$

2 次の計算を筆算でしましょう。

月　　日

① 7.5×9.4

② 0.14×3.3

③ 0.8×6.57

3 小数×小数 の筆算③

1 次の計算をしましょう。　　　　　　　　　　　月　　　日

① 　　3.2
　　×2.3

② 　　8.6
　　×1.6

③ 　　0.3 4
　　×　7.1

④ 　　0.2 4
　　×　7.5

⑤ 　　　4.8
　　×2.6 3

⑥ 　　　0.5
　　×8.7 9

⑦ 　　0.4 9
　　×0.9 3

⑧ 　　0.5 9
　　×0.0 8

⑨ 　　0.0 4
　　×0.4 5

⑩ 　　 1 7.2
　　×　 3.7

2 次の計算を筆算でしましょう。　　　　　　　　月　　　日

① 0.65×4.2　　　② 1.8×1.06　　　③ 306×5.8

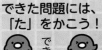
4 小数×小数 の筆算④

1 次の計算をしましょう。
　　　　　　　　　　　　　　　　　　　　　　月　　　日

① 　4.8
　×0.3

② 　9.5
　×4.4

③ 　0.13
　×　9.4

④ 　2.76
　×　2.6

⑤ 　8.7
　×0.95

⑥ 　9.5
　×0.48

⑦ 　0.79
　×0.18

⑧ 　0.03
　×0.96

⑨ 　0.48
　×0.05

⑩ 　26.4
　×　1.9

2 次の計算を筆算でしましょう。
　　　　　　　　　　　　　　　　　　　　　　月　　　日

① 0.25×3.6

② 9.9×0.42

③ 1.3×2.98

★ できた問題には、
「た」をかこう！
でき **1** ○
でき **2** ○

1 次の計算をしましょう。

月 日

① 1.1
× 3.3

② 4.7
× 2.5

③ 0.8 9
× 5.2

④ 2.0 4
× 3.7

⑤ 4.8
× 5.3 6

⑥ 7.5
× 0.8 4

⑦ 0.9 7
× 0.4 3

⑧ 0.3 6
× 0.0 7

⑨ 0.0 3
× 0.6 7

⑩ 0.0 8
× 5.2 5

2 次の計算を筆算でしましょう。

月 日

① 0.64×4.3

② 5.6×0.25

③ 81×1.09

6 小数×小数 の筆算⑥

1 次の計算をしましょう。

月　日

①
```
    8.1
×   1.9
```

②
```
    6.5
×   5.2
```

③
```
   0.7 9
×    7.2
```

④
```
   0.6 5
×    3.8
```

⑤
```
     6.2
×   3.8 4
```

⑥
```
     2.3
×   0.2 8
```

⑦
```
   0.7 3
× 0.5 6
```

⑧
```
   0.0 8
× 0.5 2
```

⑨
```
   0.9 5
× 0.0 4
```

⑩
```
   1 8 3
×   2.6
```

2 次の計算を筆算でしましょう。

月　日

① 0.52×3.7　　② 9.4×0.36　　③ 1.05×4.18

7 小数×小数 の筆算⑦

1 次の計算をしましょう。

月　　日

① 　　4.1
　　×1.2

② 　　7.5
　　×4.3

③ 　0.69
　×　7.4

④ 　　5.5
　×0.91

⑤ 　　6.6
　×0.15

⑥ 　0.54
　×0.38

⑦ 　0.49
　×0.03

⑧ 　0.02
　×0.75

⑨ 　486
　×　9.9

⑩ 　63.2
　×　6.5

2 次の計算を筆算でしましょう。

月　　日

① 5.8×4.2

② 1.04×2.06

③ 6×2.93

8 小数÷小数 の筆算①

1 次の計算をしましょう。

月　　　日

① $7.9\overline{)8.69}$

② $1.3\overline{)8.97}$

③ $3.7\overline{)2.22}$

④ $0.9\overline{)8.82}$

⑤ $2.7\overline{)8.1}$

⑥ $7.5\overline{)37.5}$

⑦ $0.05\overline{)2.35}$

⑧ $0.74\overline{)8.88}$

⑨ $2.43\overline{)12.15}$

⑩ $5.5\overline{)22}$

2 次の計算を筆算でしましょう。

月　　　日

① $21.08÷3.4$

② $5.68÷1.42$

③ $80÷3.2$

★ できた問題には、
「た」をかこう!

でき **1** ○   でき **2** ○

---

1 次の計算をしましょう。

月　　日

①
$$7.6 \overline{)\, 9.8\,8}$$

②
$$4.4 \overline{)\, 8.3\,6}$$

③
$$4.8 \overline{)\, 3.3\,6}$$

④
$$0.4 \overline{)\, 1.5\,2}$$

⑤
$$2.6 \overline{)\, 7.8}$$

⑥
$$6.4 \overline{)\, 5\,1.2}$$

⑦
$$0.0\,6 \overline{)\, 5.8\,2}$$

⑧
$$0.6\,3 \overline{)\, 1.8\,9}$$

⑨
$$1.1\,8 \overline{)\, 8.2\,6}$$

⑩
$$1.5 \overline{)\, 8\,4}$$

---

2 次の計算を筆算でしましょう。

月　　日

①　$23.25 \div 2.5$

②　$45.48 \div 3.79$

③　$15 \div 0.25$

1 次の計算をしましょう。

月　　日

① 2.1) 5.6 7

② 1.4) 8.2 6

③ 4.7) 3.7 6

④ 0.3) 1.0 2

⑤ 1.5) 7.5

⑥ 3.8) 1 1.4

⑦ 0.0 8) 4.9 6

⑧ 0.8 2) 7.3 8

⑨ 2.9 2) 2 3.3 6

⑩ 1.5 9) 4 7.7

2 次の計算を筆算でしましょう。

月　　日

① 12.73÷6.7　　② 9.15÷1.83　　③ 40÷1.6

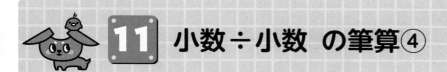

11 小数÷小数 の筆算④

1 次の計算をしましょう。

月　　　日

① 　5.3〡8.4 8

② 　7.4〡9.6 2

③ 　2.9〡1.4 5

④ 　0.7〡3.9 9

⑤ 　2.3〡9.2

⑥ 　8.6〡6 8.8

⑦ 　0.0 3〡1.3 8

⑧ 　0.8 1〡6.4 8

⑨ 　2.2 6〡9.0 4

⑩ 　2.4〡6 0

2 次の計算を筆算でしましょう。

月　　　日

① 21.45÷6.5　　　② 47.55÷3.17　　　③ 54÷1.35

12 小数÷小数 の筆算⑤

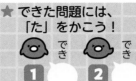
1 次の計算をしましょう。

月　　日

① 5.2) 9.3 6

② 1.6) 8.4 8

③ 1.7) 1.0 2

④ 0.8) 5.3 6

⑤ 2.4) 9.6

⑥ 4.1) 3 6.9

⑦ 0.0 5) 2.7 5

⑧ 0.3 9) 6.2 4

⑨ 1.8 2) 3 4.5 8

⑩ 0.0 4) 1 2.4

2 次の計算を筆算でしましょう。

月　　日

① 33.11÷4.3

② 7.84÷1.96

③ 84÷5.6

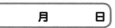

13 わり進む小数の わり算の筆算①

★ できた問題には、 「た」をかこう！

でき **1** ○ でき **2** ○

1 次のわり算を、わり切れるまで計算しましょう。

月　　日

① 4.2) 3.5 7

② 3.5) 1.8 9

③ 2.4) 1.8

④ 2.5) 1.6

⑤ 1.6) 4

⑥ 7.2) 4 5

⑦ 0.5 4) 1.3 5

⑧ 1.1 6) 8.7

2 次の計算を筆算で、わり切れるまでしましょう。

月　　日

① 1.02 ÷ 1.5

② 24 ÷ 7.5

③ 3.72 ÷ 2.48

14 わり進む小数の わり算の筆算②

★ できた問題には、「た」をかこう！

でき 1 ○ でき 2 ○

1 次のわり算を、わり切れるまで計算しましょう。

月　　日

① 4.5) 2.8 8

② 9.2) 3.2 2

③ 1.6) 1.2

④ 7.5) 3.3

⑤ 2.4) 3

⑥ 2.5) 8 4

⑦ 3.9 2) 5.8 8

⑧ 3.2 4) 8.1

2 次の計算を筆算で、わり切れるまでしましょう。

月　　日

①　1.7÷6.8

②　9÷2.4

③　9.6÷1.28

1 商を四捨五入して、$\frac{1}{10}$ の位までのがい数で表しましょう。

月　　日

①
$$3.7 \overline{)\ 6.9\ 4}$$

②
$$0.8\ 1 \overline{)\ 9}$$

③
$$0.7 \overline{)\ 9.5}$$

④
$$2.7 \overline{)\ 3\ 4.9}$$

2 商を四捨五入して、上から 2 けたのがい数で表しましょう。

月　　日

①
$$0.7 \overline{)\ 5.8}$$

②
$$3.6 \overline{)\ 9.0\ 5}$$

③
$$8.1 \overline{)\ 9.5\ 8}$$

④
$$2.3 \overline{)\ 1\ 8.6}$$

16 商をがい数で表す小数の わり算の筆算②

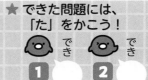
1 商を四捨五入して、$\frac{1}{10}$ の位までのがい数で表しましょう。

①
6.3) 7.6 1

②
1.3) 7

③
7.1) 5.1

④
4 5.3) 8

2 商を四捨五入して、上から 2 けたのがい数で表しましょう。

①
2.7) 5.9

②
5.3) 5.9 4

③
1.9) 3

④
1 9.8) 2 6

17 あまりを出す小数の わり算

1 商を一の位まで求め、あまりも出しましょう。

月　日

① 0.6〉5.8

② 1.6〉5.8

③ 3.7〉2 9.5

④ 5.4〉7 4.5

⑤ 2.1〉9 1.2

⑥ 2.9〉9.3 5

⑦ 1.4〉8.7 3

⑧ 3.8〉7.5 1

2 商を一の位まで求め、あまりも出しましょう。

月　日

① 1.3〉4

② 4.3〉1 6

③ 2.4〉6 1

④ 6.6〉7 9

⑤ 0.4〉2.5 1

⑥ 6.7〉2 8 4

⑦ 2.4〉9 0 5

⑧ 3.9〉6 5 7

18 分数のたし算①

1 次の計算をしましょう。

① $\dfrac{1}{3} + \dfrac{1}{2}$

② $\dfrac{1}{2} + \dfrac{3}{8}$

③ $\dfrac{1}{6} + \dfrac{5}{9}$

④ $\dfrac{1}{4} + \dfrac{3}{10}$

⑤ $\dfrac{2}{3} + \dfrac{3}{4}$

⑥ $\dfrac{7}{8} + \dfrac{1}{6}$

2 次の計算をしましょう。

① $\dfrac{1}{2} + \dfrac{3}{10}$

② $\dfrac{1}{15} + \dfrac{3}{5}$

③ $\dfrac{1}{6} + \dfrac{9}{14}$

④ $\dfrac{3}{10} + \dfrac{5}{14}$

⑤ $\dfrac{1}{6} + \dfrac{14}{15}$

⑥ $\dfrac{9}{10} + \dfrac{3}{5}$

19 分数のたし算②

1 次の計算をしましょう。　　　　　　　　　　　　月　　日

① $\dfrac{2}{5} + \dfrac{1}{3}$　　　　　　② $\dfrac{1}{6} + \dfrac{3}{7}$

③ $\dfrac{1}{4} + \dfrac{3}{16}$　　　　　　④ $\dfrac{7}{12} + \dfrac{2}{9}$

⑤ $\dfrac{5}{6} + \dfrac{1}{5}$　　　　　　⑥ $\dfrac{3}{4} + \dfrac{5}{8}$

2 次の計算をしましょう。　　　　　　　　　　　　月　　日

① $\dfrac{1}{6} + \dfrac{1}{2}$　　　　　　② $\dfrac{7}{10} + \dfrac{2}{15}$

③ $\dfrac{6}{7} + \dfrac{9}{14}$　　　　　　④ $\dfrac{13}{15} + \dfrac{1}{3}$

⑤ $\dfrac{7}{10} + \dfrac{5}{6}$　　　　　　⑥ $\dfrac{5}{6} + \dfrac{5}{14}$

20 分数のたし算③

1 次の計算をしましょう。

月　　日

① $\dfrac{1}{2} + \dfrac{2}{5}$

② $\dfrac{2}{3} + \dfrac{1}{8}$

③ $\dfrac{1}{5} + \dfrac{7}{10}$

④ $\dfrac{1}{4} + \dfrac{9}{14}$

⑤ $\dfrac{2}{3} + \dfrac{4}{9}$

⑥ $\dfrac{3}{4} + \dfrac{3}{10}$

2 次の計算をしましょう。

月　　日

① $\dfrac{1}{12} + \dfrac{1}{4}$

② $\dfrac{3}{10} + \dfrac{1}{6}$

③ $\dfrac{11}{15} + \dfrac{1}{6}$

④ $\dfrac{1}{2} + \dfrac{9}{14}$

⑤ $\dfrac{2}{3} + \dfrac{5}{6}$

⑥ $\dfrac{14}{15} + \dfrac{9}{10}$

21 分数のひき算①

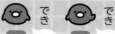
1 次の計算をしましょう。

月　日

① $\dfrac{1}{4} - \dfrac{1}{9}$

② $\dfrac{6}{5} - \dfrac{6}{7}$

③ $\dfrac{3}{4} - \dfrac{1}{2}$

④ $\dfrac{8}{9} - \dfrac{1}{3}$

⑤ $\dfrac{5}{8} - \dfrac{1}{6}$

⑥ $\dfrac{5}{4} - \dfrac{1}{6}$

2 次の計算をしましょう。

月　日

① $\dfrac{9}{10} - \dfrac{2}{5}$

② $\dfrac{5}{6} - \dfrac{1}{3}$

③ $\dfrac{3}{2} - \dfrac{9}{14}$

④ $\dfrac{4}{3} - \dfrac{8}{15}$

⑤ $\dfrac{11}{6} - \dfrac{9}{10}$

⑥ $\dfrac{23}{10} - \dfrac{7}{15}$

月　　日

1 次の計算をしましょう。

① $\dfrac{2}{3} - \dfrac{2}{5}$

② $\dfrac{4}{7} - \dfrac{1}{2}$

③ $\dfrac{7}{8} - \dfrac{1}{2}$

④ $\dfrac{2}{3} - \dfrac{5}{9}$

⑤ $\dfrac{5}{4} - \dfrac{7}{10}$

⑥ $\dfrac{11}{8} - \dfrac{1}{6}$

月　　日

2 次の計算をしましょう。

① $\dfrac{4}{5} - \dfrac{3}{10}$

② $\dfrac{9}{14} - \dfrac{1}{2}$

③ $\dfrac{7}{15} - \dfrac{1}{6}$

④ $\dfrac{7}{6} - \dfrac{9}{10}$

⑤ $\dfrac{14}{15} - \dfrac{4}{21}$

⑥ $\dfrac{19}{15} - \dfrac{1}{10}$

23 分数のひき算③

1 次の計算をしましょう。

月　　日

① $\dfrac{2}{3} - \dfrac{1}{4}$

② $\dfrac{2}{7} - \dfrac{1}{8}$

③ $\dfrac{3}{4} - \dfrac{1}{2}$

④ $\dfrac{5}{8} - \dfrac{1}{4}$

⑤ $\dfrac{5}{6} - \dfrac{2}{9}$

⑥ $\dfrac{3}{4} - \dfrac{1}{6}$

2 次の計算をしましょう。

月　　日

① $\dfrac{5}{6} - \dfrac{1}{2}$

② $\dfrac{19}{18} - \dfrac{1}{2}$

③ $\dfrac{7}{6} - \dfrac{5}{12}$

④ $\dfrac{13}{15} - \dfrac{7}{10}$

⑤ $\dfrac{7}{6} - \dfrac{7}{10}$

⑥ $\dfrac{11}{6} - \dfrac{2}{15}$

1 次の計算をしましょう。

月　　日

① $\dfrac{1}{2} + \dfrac{1}{3} + \dfrac{1}{4}$

② $\dfrac{1}{2} + \dfrac{3}{4} + \dfrac{2}{5}$

③ $\dfrac{1}{3} + \dfrac{3}{4} + \dfrac{1}{6}$

④ $\dfrac{1}{2} - \dfrac{1}{4} - \dfrac{1}{6}$

⑤ $\dfrac{14}{15} - \dfrac{1}{10} - \dfrac{1}{2}$

⑥ $1 - \dfrac{1}{10} - \dfrac{5}{6}$

2 次の計算をしましょう。

月　　日

① $\dfrac{4}{5} - \dfrac{3}{4} + \dfrac{1}{2}$

② $\dfrac{5}{6} - \dfrac{3}{4} + \dfrac{2}{3}$

③ $\dfrac{8}{9} - \dfrac{1}{2} + \dfrac{5}{6}$

④ $\dfrac{1}{2} + \dfrac{2}{3} - \dfrac{8}{9}$

⑤ $\dfrac{3}{4} + \dfrac{1}{3} - \dfrac{5}{6}$

⑥ $\dfrac{9}{10} + \dfrac{1}{2} - \dfrac{2}{5}$

★ できた問題には、
「た」をかこう！

でき 1 ○ でき 2 ○

1 次の計算をしましょう。 月　日

① $1\dfrac{1}{2}+\dfrac{1}{3}$

② $\dfrac{1}{6}+1\dfrac{7}{8}$

③ $1\dfrac{1}{4}+1\dfrac{2}{5}$

④ $1\dfrac{5}{7}+1\dfrac{1}{2}$

2 次の計算をしましょう。 月　日

① $1\dfrac{3}{4}+\dfrac{7}{12}$

② $\dfrac{3}{10}+2\dfrac{5}{6}$

③ $1\dfrac{1}{2}+2\dfrac{3}{10}$

④ $2\dfrac{5}{6}+1\dfrac{7}{15}$

1 次の計算をしましょう。

月　　日

① $1\dfrac{2}{3}+\dfrac{2}{5}$

② $\dfrac{7}{9}+2\dfrac{5}{6}$

③ $1\dfrac{2}{3}+4\dfrac{1}{9}$

④ $1\dfrac{3}{4}+1\dfrac{5}{6}$

2 次の計算をしましょう。

月　　日

① $2\dfrac{1}{2}+\dfrac{7}{10}$

② $\dfrac{1}{6}+1\dfrac{13}{14}$

③ $1\dfrac{7}{12}+1\dfrac{2}{3}$

④ $1\dfrac{5}{6}+1\dfrac{7}{10}$

27 帯分数のたし算③

1 次の計算をしましょう。

月　　日

① $1\dfrac{4}{5} + \dfrac{1}{2}$

② $\dfrac{3}{4} + 1\dfrac{3}{10}$

③ $1\dfrac{1}{2} + 1\dfrac{6}{7}$

④ $1\dfrac{5}{6} + 1\dfrac{2}{9}$

2 次の計算をしましょう。

月　　日

① $2\dfrac{1}{2} + \dfrac{9}{10}$

② $\dfrac{11}{12} + 2\dfrac{1}{4}$

③ $2\dfrac{5}{14} + 1\dfrac{1}{2}$

④ $2\dfrac{1}{6} + 1\dfrac{9}{10}$

28 帯分数のたし算④

1 次の計算をしましょう。

① $1\dfrac{2}{5} + \dfrac{2}{7}$

② $\dfrac{5}{8} + 1\dfrac{5}{12}$

③ $1\dfrac{2}{3} + 3\dfrac{8}{9}$

④ $1\dfrac{5}{6} + 1\dfrac{3}{4}$

2 次の計算をしましょう。

① $2\dfrac{9}{10} + \dfrac{3}{5}$

② $\dfrac{5}{6} + 1\dfrac{1}{15}$

③ $1\dfrac{9}{14} + 1\dfrac{6}{7}$

④ $1\dfrac{3}{10} + 2\dfrac{13}{15}$

29 帯分数のひき算①

1 次の計算をしましょう。

① $1\dfrac{1}{2}-\dfrac{2}{3}$

② $3\dfrac{2}{3}-2\dfrac{2}{5}$

③ $3\dfrac{1}{4}-2\dfrac{1}{2}$

④ $2\dfrac{7}{15}-1\dfrac{5}{6}$

2 次の計算をしましょう。

① $1\dfrac{1}{6}-\dfrac{9}{10}$

② $4\dfrac{5}{6}-2\dfrac{1}{3}$

③ $5\dfrac{2}{5}-4\dfrac{9}{10}$

④ $4\dfrac{5}{12}-1\dfrac{2}{3}$

30 帯分数のひき算②

1 次の計算をしましょう。

月　　日

① $2\dfrac{1}{4} - \dfrac{2}{3}$

② $2\dfrac{3}{4} - 1\dfrac{4}{7}$

③ $3\dfrac{2}{9} - 2\dfrac{5}{6}$

④ $4\dfrac{4}{15} - 3\dfrac{4}{9}$

2 次の計算をしましょう。

月　　日

① $1\dfrac{1}{7} - \dfrac{9}{14}$

② $4\dfrac{3}{4} - 2\dfrac{1}{12}$

③ $5\dfrac{1}{14} - 4\dfrac{1}{6}$

④ $5\dfrac{5}{12} - 2\dfrac{13}{15}$

1 次の計算をしましょう。

月　　日

① $2\dfrac{6}{7} - \dfrac{2}{3}$

② $2\dfrac{2}{3} - 1\dfrac{5}{6}$

③ $3\dfrac{1}{10} - 1\dfrac{1}{4}$

④ $2\dfrac{1}{4} - 1\dfrac{5}{6}$

2 次の計算をしましょう。

月　　日

① $3\dfrac{1}{6} - \dfrac{1}{2}$

② $2\dfrac{1}{2} - 1\dfrac{3}{14}$

③ $4\dfrac{1}{10} - 3\dfrac{1}{6}$

④ $3\dfrac{1}{6} - 1\dfrac{13}{15}$

1 次の計算をしましょう。

① $2\dfrac{2}{3} - \dfrac{3}{4}$

② $2\dfrac{5}{7} - 1\dfrac{1}{2}$

③ $2\dfrac{5}{8} - 1\dfrac{1}{4}$

④ $3\dfrac{1}{6} - 2\dfrac{5}{9}$

月　　日

2 次の計算をしましょう。

① $1\dfrac{3}{5} - \dfrac{1}{10}$

② $5\dfrac{1}{3} - 4\dfrac{7}{12}$

③ $4\dfrac{1}{2} - 2\dfrac{5}{6}$

④ $2\dfrac{3}{10} - 1\dfrac{7}{15}$

月　　日

答え

1 小数×小数 の筆算①

1 ①2.94 ②21.46 ③3.818 ④19.995 ⑤3.225 ⑥6.3 ⑦0.4836 ⑧0.0372 ⑨0.043 ⑩0.2037

2
① 7.3 ×5.2 → 146 / 365 / 37.96
② 0.32 ×5.5 → 160 / 160 / 1.760
③ 7.8 ×2.01 → 78 / 156 / 15.678

2 小数×小数 の筆算②

1 ①3.36 ②58.52 ③18.265 ④3.74 ⑤1.975 ⑥0.6319 ⑦0.0594 ⑧0.034 ⑨499.8 ⑩177.66

2
① 7.5 ×9.4 → 300 / 675 / 70.50
② 0.14 ×3.3 → 42 / 42 / 0.462
③ 0.8 ×6.57 → 56 / 40 / 48 / 5.256

3 小数×小数 の筆算③

1 ①7.36 ②13.76 ③2.414 ④1.8 ⑤12.624 ⑥4.395 ⑦0.4557 ⑧0.0472 ⑨0.018 ⑩63.64

2
① 0.65 ×4.2 → 130 / 260 / 2.730
② 1.8 ×1.06 → 108 / 18 / 1.908
③ 306 ×5.8 → 2448 / 1530 / 1774.8

4 小数×小数 の筆算④

1 ①1.44 ②41.8 ③1.222 ④7.176 ⑤8.265 ⑥4.56 ⑦0.1422 ⑧0.0288 ⑨0.024 ⑩50.16

2
① 0.25 ×3.6 → 150 / 75 / 0.900
② 9.9 ×0.42 → 198 / 396 / 4.158
③ 1.3 ×2.98 → 104 / 117 / 26 / 3.874

5 小数×小数 の筆算⑤

1 ①3.63 ②11.75 ③4.628 ④7.548 ⑤25.728 ⑥6.3 ⑦0.4171 ⑧0.0252 ⑨0.0201 ⑩0.42

2
① 0.64 ×4.3 → 192 / 256 / 2.752
② 5.6 ×0.25 → 280 / 112 / 1.400
③ 81 ×1.09 → 729 / 81 / 88.29

6 小数×小数 の筆算⑥

1 ①15.39 ②33.8 ③5.688 ④2.47 ⑤23.808 ⑥0.644 ⑦0.4088 ⑧0.0416 ⑨0.038 ⑩475.8

2
① 0.52 ×3.7 → 364 / 156 / 1.924
② 9.4 ×0.36 → 564 / 282 / 3.384
③ 1.05 ×4.18 → 840 / 105 / 420 / 4.3890

7 小数×小数 の筆算⑦

1 ①4.92 ②32.25 ③5.106 ④5.005 ⑤0.99 ⑥0.2052 ⑦0.0147 ⑧0.015 ⑨4811.4 ⑩410.8

2
① 5.8 ×4.2 → 116 / 232 / 24.36
② 1.04 ×2.06 → 624 / 208 / 2.1424
③ 6 ×2.93 → 18 / 54 / 12 / 17.58

8　小数÷小数 の筆算①

1　①1.1　②6.9　③0.6　④9.8
　　⑤3　⑥5　⑦47　⑧12
　　⑨5　⑩4

2　①
```
            6.2
3.4 ) 2 1.0.8
      2 0 4
          6 8
          6 8
            0
```
②
```
                4
1.42 ) 5.6 8
        5 6 8
            0
```

③
```
          2 5
3.2 ) 8 0 0
      6 4
      1 6 0
      1 6 0
          0
```

9　小数÷小数 の筆算②

1　①1.3　②1.9　③0.7　④3.8
　　⑤3　⑥68　⑦97　⑧3
　　⑨7　⑩56

2　①
```
            9.3
2.5 ) 2 3 2.5
      2 2 5
          7 5
          7 5
            0
```
②
```
                1 2
3.79 ) 4 5.4 8
        3 7 9
          7 5 8
          7 5 8
              0
```

③
```
              6 0
0.25 ) 1 5 0 0
        1 5 0
            0
```

10　小数÷小数 の筆算③

1　①2.7　②5.9　③0.8　④3.4
　　⑤5　⑥63　⑦62　⑧9
　　⑨8　⑩30

2　①
```
            1.9
6.7 ) 1 2.7.3
      6 7
      6 0 3
      6 0 3
          0
```
②
```
              5
1.83 ) 9.1 5
        9 1 5
            0
```

11　小数÷小数 の筆算④

1　①1.6　②1.3　③0.5　④5.7
　　⑤54　⑥68　⑦46　⑧8
　　⑨4　⑩25

2　①
```
            3.3
6.5 ) 2 1.4.5
      1 9 5
      1 9 5
      1 9 5
          0
```
②
```
                1 5
3.17 ) 4 7.5 5
        3 1 7
        1 5 8 5
        1 5 8 5
              0
```

③
```
              4 0
1.35 ) 5 4 0 0
        5 4 0
            0
```

12　小数÷小数 の筆算⑤

1　①1.8　②5.3　③0.6　④6.7
　　⑤54　⑥9　⑦55　⑧16
　　⑨19　⑩310

2　①
```
            7.7
4.3 ) 3 3.1.1
      3 0 1
        3 0 1
        3 0 1
            0
```
②
```
              4
1.96 ) 7.8 4
        7 8 4
            0
```

③
```
            1 5
5.6 ) 8 4 0
      5 6
      2 8 0
      2 8 0
          0
```

13 わり進む小数のわり算の筆算①

1 ①0.85　②0.54　③0.75　④0.64　⑤2.5　⑥6.25　⑦2.5　⑧7.5

2
①
```
        0.6 8
1,5)1,0.2
      9 0
      1 2 0
      1 2 0
          0
```

②
```
        3.2
7,5)2 4 0
    2 2 5
      1 5 0
      1 5 0
          0
```

③
```
          1.5
2,48)3,7 2
      2 4 8
      1 2 4 0
      1 2 4 0
            0
```

14 わり進む小数のわり算の筆算②

1 ①0.64　②0.35　③0.75　④0.44　⑤1.25　⑥33.6　⑦1.5　⑧2.5

2
①
```
        0.2 5
6,8)1,7.0
    1 3 6
      3 4 0
      3 4 0
          0
```

②
```
        3.7 5
2,4)9 0
    7 2
    1 8 0
    1 6 8
      1 2 0
      1 2 0
          0
```

③
```
        7.5
1,28)9,6 0
      8 9 6
        6 4 0
        6 4 0
            0
```

15 商をがい数で表す小数のわり算の筆算①

1 ①1.9　②11.1　③13.6　④12.9

2 ①8.3　②2.5　③1.2　④8.1

16 商をがい数で表す小数のわり算の筆算②

1 ①1.2　②5.4　③0.7　④0.2

2 ①2.2　②1.1　③1.6　④1.3

17 あまりを出す小数のわり算

1 ①9あまり0.4　②3あまり1　③7あまり3.6　④13あまり4.3　⑤43あまり0.9　⑥3あまり0.65　⑦6あまり0.33　⑧1あまり3.71

2 ①3あまり0.1　②3あまり3.1　③25あまり1　④11あまり6.4　⑤6あまり0.11　⑥42あまり2.6　⑦377あまり0.2　⑧168あまり1.8

18 分数のたし算①

1 ①$\frac{5}{6}$　②$\frac{7}{8}$　③$\frac{13}{18}$　④$\frac{11}{20}$　⑤$\frac{17}{12}\left(1\frac{5}{12}\right)$　⑥$\frac{25}{24}\left(1\frac{1}{24}\right)$

2 ①$\frac{4}{5}$　②$\frac{2}{3}$　③$\frac{17}{21}$　④$\frac{23}{35}$　⑤$\frac{11}{10}\left(1\frac{1}{10}\right)$　⑥$\frac{3}{2}\left(1\frac{1}{2}\right)$

19 分数のたし算②

1 ①$\frac{11}{15}$　②$\frac{25}{42}$　③$\frac{7}{16}$　④$\frac{29}{36}$　⑤$\frac{31}{30}\left(1\frac{1}{30}\right)$　⑥$\frac{11}{8}\left(1\frac{3}{8}\right)$

2 ①$\frac{2}{3}$　②$\frac{5}{6}$　③$\frac{3}{2}\left(1\frac{1}{2}\right)$　④$\frac{6}{5}\left(1\frac{1}{5}\right)$　⑤$\frac{23}{15}\left(1\frac{8}{15}\right)$　⑥$\frac{25}{21}\left(1\frac{4}{21}\right)$

1 ① $\dfrac{9}{10}$　② $\dfrac{19}{24}$

③ $\dfrac{9}{10}$　④ $\dfrac{25}{28}$

⑤ $\dfrac{10}{9}\left(1\dfrac{1}{9}\right)$　⑥ $\dfrac{21}{20}\left(1\dfrac{1}{20}\right)$

2 ① $\dfrac{1}{3}$　② $\dfrac{7}{15}$

③ $\dfrac{9}{10}$　④ $\dfrac{8}{7}\left(1\dfrac{1}{7}\right)$

⑤ $\dfrac{3}{2}\left(1\dfrac{1}{2}\right)$　⑥ $\dfrac{11}{6}\left(1\dfrac{5}{6}\right)$

21 分数のひき算①

1 ① $\dfrac{5}{36}$　② $\dfrac{12}{35}$

③ $\dfrac{1}{4}$　④ $\dfrac{5}{9}$

⑤ $\dfrac{11}{24}$　⑥ $\dfrac{13}{12}\left(1\dfrac{1}{12}\right)$

2 ① $\dfrac{1}{2}$　② $\dfrac{1}{2}$

③ $\dfrac{6}{7}$　④ $\dfrac{4}{5}$

⑤ $\dfrac{14}{15}$　⑥ $\dfrac{11}{6}\left(1\dfrac{5}{6}\right)$

22 分数のひき算②

1 ① $\dfrac{4}{15}$　② $\dfrac{1}{14}$

③ $\dfrac{3}{8}$　④ $\dfrac{1}{9}$

⑤ $\dfrac{11}{20}$　⑥ $\dfrac{29}{24}\left(1\dfrac{5}{24}\right)$

2 ① $\dfrac{1}{2}$　② $\dfrac{1}{7}$

③ $\dfrac{3}{10}$　④ $\dfrac{4}{15}$

⑤ $\dfrac{26}{35}$　⑥ $\dfrac{7}{6}\left(1\dfrac{1}{6}\right)$

23 分数のひき算③

1 ① $\dfrac{5}{12}$　② $\dfrac{9}{56}$

③ $\dfrac{1}{4}$　④ $\dfrac{3}{8}$

⑤ $\dfrac{11}{18}$　⑥ $\dfrac{7}{12}$

2 ① $\dfrac{1}{3}$　② $\dfrac{5}{9}$

③ $\dfrac{3}{4}$　④ $\dfrac{1}{6}$

⑤ $\dfrac{7}{15}$　⑥ $\dfrac{17}{10}\left(1\dfrac{7}{10}\right)$

24 3つの分数のたし算・ひき算

1 ① $\dfrac{13}{12}\left(1\dfrac{1}{12}\right)$　② $\dfrac{33}{20}\left(1\dfrac{13}{20}\right)$

③ $\dfrac{5}{4}\left(1\dfrac{1}{4}\right)$　④ $\dfrac{1}{12}$

⑤ $\dfrac{1}{3}$　⑥ $\dfrac{1}{15}$

2 ① $\dfrac{11}{20}$　② $\dfrac{3}{4}$

③ $\dfrac{11}{9}\left(1\dfrac{2}{9}\right)$　④ $\dfrac{5}{18}$

⑤ $\dfrac{1}{4}$　⑥ 1

25 帯分数のたし算①

1 ① $\dfrac{11}{6}\left(1\dfrac{5}{6}\right)$　② $\dfrac{49}{24}\left(2\dfrac{1}{24}\right)$

③ $\dfrac{53}{20}\left(2\dfrac{13}{20}\right)$　④ $\dfrac{45}{14}\left(3\dfrac{3}{14}\right)$

2 ① $\dfrac{7}{3}\left(2\dfrac{1}{3}\right)$　② $\dfrac{47}{15}\left(3\dfrac{2}{15}\right)$

③ $\dfrac{19}{5}\left(3\dfrac{4}{5}\right)$　④ $\dfrac{43}{10}\left(4\dfrac{3}{10}\right)$

26 帯分数のたし算②

1 ① $\dfrac{31}{15}\left(2\dfrac{1}{15}\right)$　② $\dfrac{65}{18}\left(3\dfrac{11}{18}\right)$

③ $\dfrac{52}{9}\left(5\dfrac{7}{9}\right)$　④ $\dfrac{43}{12}\left(3\dfrac{7}{12}\right)$

2 ① $\dfrac{16}{5}\left(3\dfrac{1}{5}\right)$　② $\dfrac{44}{21}\left(2\dfrac{2}{21}\right)$

③ $\dfrac{13}{4}\left(3\dfrac{1}{4}\right)$　④ $\dfrac{53}{15}\left(3\dfrac{8}{15}\right)$

27 帯分数のたし算③

1 ① $\dfrac{23}{10}\left(2\dfrac{3}{10}\right)$ ② $\dfrac{41}{20}\left(2\dfrac{1}{20}\right)$

③ $\dfrac{47}{14}\left(3\dfrac{5}{14}\right)$ ④ $\dfrac{55}{18}\left(3\dfrac{1}{18}\right)$

2 ① $\dfrac{17}{5}\left(3\dfrac{2}{5}\right)$ ② $\dfrac{19}{6}\left(3\dfrac{1}{6}\right)$

③ $\dfrac{27}{7}\left(3\dfrac{6}{7}\right)$ ④ $\dfrac{61}{15}\left(4\dfrac{1}{15}\right)$

28 帯分数のたし算④

1 ① $\dfrac{59}{35}\left(1\dfrac{24}{35}\right)$ ② $\dfrac{49}{24}\left(2\dfrac{1}{24}\right)$

③ $\dfrac{50}{9}\left(5\dfrac{5}{9}\right)$ ④ $\dfrac{43}{12}\left(3\dfrac{7}{12}\right)$

2 ① $\dfrac{7}{2}\left(3\dfrac{1}{2}\right)$ ② $\dfrac{19}{10}\left(1\dfrac{9}{10}\right)$

③ $\dfrac{7}{2}\left(3\dfrac{1}{2}\right)$ ④ $\dfrac{25}{6}\left(4\dfrac{1}{6}\right)$

29 帯分数のひき算①

1 ① $\dfrac{5}{6}$ ② $\dfrac{19}{15}\left(1\dfrac{4}{15}\right)$

③ $\dfrac{3}{4}$ ④ $\dfrac{19}{30}$

2 ① $\dfrac{4}{15}$ ② $\dfrac{5}{2}\left(2\dfrac{1}{2}\right)$

③ $\dfrac{1}{2}$ ④ $\dfrac{11}{4}\left(2\dfrac{3}{4}\right)$

30 帯分数のひき算②

1 ① $\dfrac{19}{12}\left(1\dfrac{7}{12}\right)$ ② $\dfrac{33}{28}\left(1\dfrac{5}{28}\right)$

③ $\dfrac{7}{18}$ ④ $\dfrac{37}{45}$

2 ① $\dfrac{1}{2}$ ② $\dfrac{8}{3}\left(2\dfrac{2}{3}\right)$

③ $\dfrac{19}{21}$ ④ $\dfrac{51}{20}\left(2\dfrac{11}{20}\right)$

31 帯分数のひき算③

1 ① $\dfrac{46}{21}\left(2\dfrac{4}{21}\right)$ ② $\dfrac{5}{6}$

③ $\dfrac{37}{20}\left(1\dfrac{17}{20}\right)$ ④ $\dfrac{5}{12}$

2 ① $\dfrac{8}{3}\left(2\dfrac{2}{3}\right)$ ② $\dfrac{9}{7}\left(1\dfrac{2}{7}\right)$

③ $\dfrac{14}{15}$ ④ $\dfrac{13}{10}\left(1\dfrac{3}{10}\right)$

32 帯分数のひき算④

1 ① $\dfrac{23}{12}\left(1\dfrac{11}{12}\right)$ ② $\dfrac{17}{14}\left(1\dfrac{3}{14}\right)$

③ $\dfrac{11}{8}\left(1\dfrac{3}{8}\right)$ ④ $\dfrac{11}{18}$

2 ① $\dfrac{3}{2}\left(1\dfrac{1}{2}\right)$ ② $\dfrac{3}{4}$

③ $\dfrac{5}{3}\left(1\dfrac{2}{3}\right)$ ④ $\dfrac{5}{6}$

教科書ぴったりトレーニング

はなまるシール

★ ふろくの「がんばり表」に使おう！
★ はじめに、キミのおとも犬を選んで、がんばり表にはろう！
★ 学習が終わったら、がんばり表に「はなまるシール」をはろう！
★ 余ったシールは自由に使ってね。

キミのおとも犬

元気いっぱい
お肉大好き！

つっこみ役
みんなの世話係

ちょっとこわがり
最年少

おっとり
読書好き

やさしくて物知り
みんなの先生

はなまるシール

すごい！ いいね！ 集中!! その調子！ できる！ ナイス！ むずかい… がんばろう！ もう1回!! よく
できたね！

国語　理科
英語　算数　社会

ごほうびシール

よくできました

教科書ぴったりトレーニング

算数 5年 がんばり表

いつも見えるところに、この「がんばり表」をはっておこう。
この「ぴたトレ」を学習したら、シールをはろう！
どこまでがんばったかわかるよ。

好きななまえをつけてね！

なまえ

ぴた犬
（おとも犬）
シールを
はろう

シールの中から好きなぴた犬を選ぼう。

---

5. 小数のわり算
① 小数でわる計算
② 小数のわり算

32～33ページ ぴったり12	30～31ページ ぴったり12
できたらシールをはろう	できたらシールをはろう

4. 小数のかけ算
① 小数をかける計算　③ 小数のかけ算を使う問題
② 小数のかけ算

28～29ページ ぴったり3	26～27ページ ぴったり12	24～25ページ ぴったり12	22～23ページ ぴったり12	20～21ページ ぴったり12
できたらシールをはろう	できたらシールをはろう	できたらシールをはろう	できたらシールをはろう	できたらシールをはろう

3. 2つの量の変わり方

18～19ページ ぴったり3	16～17ページ ぴったり12	14～15ページ ぴったり12
できたらシールをはろう	できたらシールをはろう	できたらシールをはろう

2. 体積
① 直方体と立方体の体積　③ いろいろな体積の単位
② 体積の求め方のくふう

12～13ページ ぴったり3	10～11ページ ぴったり12	8～9ページ ぴったり12	6～7ページ ぴったり12
できたらシールをはろう	できたらシールをはろう	できたらシールをはろう	できたらシールをはろう

1. 整数と小数のしくみ

4～5ページ ぴったり3	2～3ページ ぴったり12
できたらシールをはろう	できたらシールをはろう

スタート

---

6. 図形の合同と角
① 合同な図形　③ 三角形と四角形の角
② 合同な図形のかき方

34～35ページ ぴったり12	36～37ページ ぴったり12	38～39ページ ぴったり12	40～41ページ ぴったり12	42～43ページ ぴったり12	44～45ページ ぴったり12
できたらシールをはろう	できたらシールをはろう	できたらシールをはろう	できたらシールをはろう	できたらシールをはろう	できたらシールをはろう

7. 整数の性質
① 偶数と奇数　③ 約数と公約数
② 倍数と公倍数

46～47ページ ぴったり12	48～49ページ ぴったり12	50～51ページ ぴったり12	52～53ページ ぴったり12
できたらシールをはろう	できたらシールをはろう	できたらシールをはろう	できたらシールをはろう

8. 分数のたし算とひき算
① 分数の大きさ
② 分数のたし算とひき算

54～55ページ ぴったり12	56～57ページ ぴったり12	58～59ページ ぴったり12	60～61ページ ぴったり12
できたらシールをはろう	できたらシールをはろう	できたらシールをはろう	できたらシールをはろう

活用. 階段をつくる

62～63ページ
できたらシールをはろう

9. 平均

64～65ページ ぴったり12	66～67ページ ぴったり3
できたらシールをはろう	できたらシールをはろう

---

14. 分数と小数、整数
① わり算と分数　③ 分数と小数、整数
② 分数倍

100～101ページ ぴったり12	98～99ページ ぴったり12
できたらシールをはろう	できたらシールをはろう

13. 倍を表す小数

96～97ページ ぴったり3	94～95ページ ぴったり12
できたらシールをはろう	できたらシールをはろう

12. 正多角形と円
① 正多角形
② 円周と直径

92～93ページ ぴったり3	90～91ページ ぴったり12	88～89ページ プログラミング	86～87ページ ぴったり12
できたらシールをはろう	できたらシールをはろう	できたらシールをはろう	できたらシールをはろう

11. 図形の面積
① 平行四辺形の面積　③ いろいろな図形の面積
② 三角形の面積

84～85ページ ぴったり3	82～83ページ ぴったり12	80～81ページ ぴったり12	78～79ページ ぴったり12	76～77ページ ぴったり12
できたらシールをはろう	できたらシールをはろう	できたらシールをはろう	できたらシールをはろう	できたらシールをはろう

10. 単位量あたりの大きさ
① 単位量あたりの大きさ
② 速さ

74～75ページ ぴったり3	72～73ページ ぴったり12	70～71ページ ぴったり12	68～69ページ ぴったり12
できたらシールをはろう	できたらシールをはろう	できたらシールをはろう	できたらシールをはろう

---

15. 割合
① 割合と百分率
② 割合を使う問題

102～103ページ ぴったり3	104～105ページ ぴったり12	106～107ページ ぴったり12	108～109ページ ぴったり12	110～111ページ ぴったり3
できたらシールをはろう	できたらシールをはろう	できたらシールをはろう	できたらシールをはろう	できたらシールをはろう

16. 帯グラフと円グラフ
① 帯グラフと円グラフ
② 表やグラフの利用

112～113ページ ぴったり12	114～115ページ ぴったり12
できたらシールをはろう	できたらシールをはろう

17. 角柱と円柱
① 角柱と円柱
② 角柱と円柱の展開図

116～117ページ ぴったり12	118～119ページ ぴったり12	120～121ページ ぴったり3
できたらシールをはろう	できたらシールをはろう	できたらシールをはろう

活用. お得なプランを選ぼう

122～123ページ
できたらシールをはろう

活用. 2人が出会うまでの時間

124～125ページ
できたらシールをはろう

5年の復習

126～128ページ
できたらシールをはろう

ゴール

最後までがんばったキミは
「ごほうびシール」をはろう！

（キリトリ線）
教科書ぴったりトレーニング　算数　5年　日本文教版　折込①（オモテ）

教科書ぴったりトレーニングの使い方

『ぴたトレ』は教科書にぴったり合わせて使うことができるよ。教科書も見ながら、勉強していこうね。ぴた犬たちが勉強をサポートするよ。

ふだんの学習

ぴったり1 準備

教科書のだいじなところをまとめていくよ。
◎ねらい でどんなことを勉強するかわかるよ。
問題に答えながら、わかっているかかくにんしよう。
QRコードから「3分でまとめ動画」が見られるよ。

※QRコードは株式会社デンソーウェーブの登録商標です。

ぴったり2 練習

「ぴったり1」で勉強したことが身についているかな？かくにんしながら、練習問題に取り組もう。

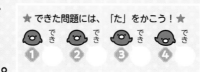

★できた問題には、「た」をかこう！★
① でき ② でき ③ でき ④ でき

ぴったり3 確かめのテスト

「ぴったり1」「ぴったり2」が終わったら取り組んでみよう。
学校のテストの前にやってもいいね。
わからない問題は、 ふりかえり を見て前にもどってかくにんしよう。

実力チェック

- 🌻 夏のチャレンジテスト
- ⛄ 冬のチャレンジテスト
- 🌸 春のチャレンジテスト
- 5年 算数のまとめ 学力診断テスト

夏休み、冬休み、春休み前に使いましょう。
学期の終わりや学年の終わりのテストの前にやってもいいね。

ふだんの学習が終わったら、「がんばり表」にシールをはろう。

別冊

答えとてびき

うすいピンク色のところには「答え」が書いてあるよ。取り組んだ問題の答え合わせをしてみよう。わからなかった問題やまちがえた問題は、右の「てびき」を読んだり、教科書を読み返したりして、もう一度見直そう。

もくじ

算数5年
日本文教版
小学算数

教科書ぴったりトレーニング

▶ 3分でまとめ動画

とりはずして
お使いください

ぴったり **1** **準備**

3分でまとめ

① 整数と小数のしくみ

整数と小数のしくみ

学習日　月　日

教科書 12〜15 ページ　答え 1 ページ

✏️ 次の □ にあてはまる数やことばをかきましょう。

◎ **ねらい** 数のしくみを理解しよう。　練習 ① ②→

🐾 **数のしくみ** 整数と小数は、10や1、0.1、0.01などを単位とし、それらのいくつ分かで数の大きさを表しています。0から9の10個の数字と小数点を使うと、どんな大きさの整数や小数でも表すことができます。

1 25.347 のそれぞれの位がどんな数を表しているか調べて、式に表しましょう。

解き方 25.347 は、10を2個と、1を5個と、0.1を3個と、0.01を ① □ 個と、0.001を ② □ 個あわせた数です。25.347 を式に表すと、

25.347＝10×2＋1×5＋0.1× ③ □ ＋0.01× ④ □ ＋0.001×7　となります。

◎ **ねらい** 10倍、100倍、1000倍したときの小数点の位置を調べよう。　練習 ③→

整数や小数を10倍、100倍、1000倍すると、
小数点はそれぞれ**右へ**1けた、2けた、3けた移ります。

19.8
1.98 ⌉10倍

2 75.36 を10倍、100倍、1000倍した数をかきましょう。

解き方 10倍すると位が1けた上がり、小数点は □ へ1けた移るので、753.6 となります。

100倍、1000倍すると、小数点はそれぞれ右へ2けた、3けた移るので、
100倍した数は □ 、1000倍した数は □ となります。

◎ **ねらい** $\frac{1}{10}$、$\frac{1}{100}$、$\frac{1}{1000}$ にしたときの小数点の位置を調べよう。　練習 ④→

整数や小数を $\frac{1}{10}$、$\frac{1}{100}$、$\frac{1}{1000}$ にすると、
小数点はそれぞれ**左へ**1けた、2けた、3けた移ります。

19.8
1.98 ⌉$\frac{1}{10}$

3 64.3 を $\frac{1}{10}$、$\frac{1}{100}$、$\frac{1}{1000}$ にした数をかきましょう。

解き方 $\frac{1}{10}$ にすると位が1けた下がり、小数点は □ へ1けた移るので、6.43 となります。

64.3 を $\frac{1}{1000}$ にするとき、一の位と小数第一位に0をかくよ。

$\frac{1}{100}$、$\frac{1}{1000}$ にした数は、小数点はそれぞれ左へ2けた、3けた移るので、
$\frac{1}{100}$ にした数は □ 、$\frac{1}{1000}$ にした数は □ となります。

教科書　12〜15 ページ　答え　1 ページ

1 　□にあてはまる数をかきましょう。
教科書 12ページ ❶

① 72496 は、10000 を 7個と、⑦[　　]を 2個と、100 を 4個と、10 を ⑦[　　]個と、

⑦[　　]を 6個あわせた数です。

② 3.584 は、1 を 3個と、⑦[　　]を 5個と、0.01 を ⑦[　　]個と、⑦[　　]を 4個

あわせた数です。

③ 5.063＝⑦[　　]×5＋⑦[　　]×0＋⑦[　　]×6＋⑦[　　]×3

④ 840.12＝100×⑦[　　]＋10×⑦[　　]＋1×⑦[　　]＋0.1×⑦[　　]＋0.01×⑦[　　]

2 　下の□に、右のカードを1まいずつあてはめて、次の数をつくりましょう。
教科書 13ページ ❷

[　][　].[　][　][　]

8 2 1 9 5

① いちばん大きい数

（　　　　　　　）

② いちばん小さい数

（　　　　　　　）

3 　次の数をかきましょう。
教科書 14ページ ❷

① 3.8 を 10 倍した数

（　　　　　　　）

② 0.07 を 10 倍した数

（　　　　　　　）

③ 1.365 を 100 倍した数

（　　　　　　　）

④ 2.3 を 100 倍した数

（　　　　　　　）

⑤ 42.035 を 1000 倍した数

（　　　　　　　）

⑥ 0.123 を 1000 倍した数

（　　　　　　　）

4 　次の数をかきましょう。
教科書 15ページ ❸

① 0.9 を $\frac{1}{10}$ にした数　（　　　　　）

② 17.32 を $\frac{1}{10}$ にした数　（　　　　　）

③ 1.03 を $\frac{1}{100}$ にした数　（　　　　　）

④ 24 を $\frac{1}{100}$ にした数　（　　　　　）

⑤ 15.2 を $\frac{1}{1000}$ にした数　（　　　　　）

⑥ 1.06 を $\frac{1}{1000}$ にした数　（　　　　　）

ヒント 　2 ① 大きい位から順に大きい数字をあてはめていきます。
② 大きい位から順に小さい数字をあてはめていきます。

① 整数と小数のしくみ

時間 **30** 分

／100

合格 **80** 点

教科書 12〜16 ページ　答え 2 ページ

知識・技能　　　／82点

1 □にあてはまる数をかきましょう。　全部できて 1問3点(6点)

① 4815 は、□ を 4 個と、□ を 8 個と、□ を 1 個と、1 を 5 個
あわせた数です。

② 36.07 は、10 を 3 個と、1 を □ 個と、0.1 を □ 個と、□ を 7 個
あわせた数です。

2 よく出る □にあてはまる数をかきましょう。　全部できて 1問4点(8点)

① 8126＝1000×(ア)□＋100×(イ)□＋10×(ウ)□＋1×(エ)□

② 64.01＝(ア)□×6＋(イ)□×4＋(ウ)□×0＋(エ)□×1

3 次の式が表す数を求めましょう。　各4点(8点)

① 100×7＋10×1＋1×4＋0.1×5

（　　　　　）

② 10×8＋1×0＋0.1×2＋0.01×9＋0.001×3

（　　　　　）

4 よく出る 次の数を 10 倍、100 倍、1000 倍した数を求めましょう。　各3点(18点)

① 28.14

10 倍（　　　　）　　100 倍（　　　　）　　1000 倍（　　　　）

② 0.073

10 倍（　　　　）　　100 倍（　　　　）　　1000 倍（　　　　）

5 次の数は、9.16 を何倍した数ですか。　各4点(12点)

① 916　　　　　② 9160　　　　　③ 91.6

（　　　　）　　　（　　　　）　　　（　　　　）

6 よく出る 次の数を $\frac{1}{10}$、$\frac{1}{100}$、$\frac{1}{1000}$ にした数を求めましょう。　各3点（18点）

① 31.8

$\frac{1}{10}$（　　　　）　$\frac{1}{100}$（　　　　）　$\frac{1}{1000}$（　　　　）

② 640

$\frac{1}{10}$（　　　　）　$\frac{1}{100}$（　　　　）　$\frac{1}{1000}$（　　　　）

7 次の数は、52.7 を何分の一にした数ですか。　各4点（12点）
① 0.527　　　　② 5.27　　　　③ 0.0527

（　　　　）　　（　　　　）　　（　　　　）

思考・判断・表現　／18点

8 下の□に右のカードを1まいずつあてはめて、次の数をつくりましょう。
いちばん小さい位に0はあてはまりません。　各6点（12点）

□□□.□□　　

① いちばん大きい数

（　　　　）

② いちばん小さい数

（　　　　）

9 下の□に右のカードを1まいずつあてはめて、50にいちばん近い数をつくりましょう。　（6点）

□□.□□□　　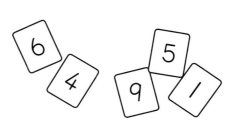

（　　　　）

ふりかえり **2**がわからないときは、2ページの**1**にもどって確にんしてみよう。

3分でまとめ

① 直方体と立方体の体積

📖 教科書　19〜22ページ　➡ 答え　3ページ

🖊 次の ☐ にあてはまる数をかきましょう。

◎ねらい 体積の意味、体積の単位 cm³ を理解しよう。　　練習 ① ② →

🐾 体積

ものの**かさ**のことを**体積**といいます。

|辺が|cm の立方体の体積を**|立方センチメートル**といい、

|cm³ とかきます。

立方センチメートルは、体積の単位です。

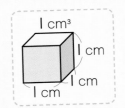

1 |辺が|cm の立方体の積み木で右のような
形をつくりました。

体積は何 cm³ ですか。

(1) 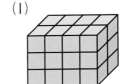　(2)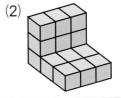

解き方 (1)　|だんめは、たてに2個、横に4個ならんでいるので、2×[①☐]＝8（個）

それが上に3だんあるので、[②☐]×3＝[③☐]（個）　　答え　24 cm³

(2)　|だんめは、たてに3個、横に3個ならんでいるので、3×[①☐]＝9（個）

2だんめと3だんめは、3個ずつならんでいるので、3×2＝[②☐]（個）

9＋[③☐]＝[④☐]（個）　　答え　15 cm³

◎ねらい 直方体や立方体の体積を計算で求められるようにしよう。　　練習 ③ ④ →

🐾 体積を求める公式

★**直方体の体積＝たて×横×高さ**

★**立方体の体積＝|辺×|辺×|辺**

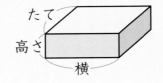

2 右のような直方体と立方体の体積は
何 cm³ ですか。

(1) 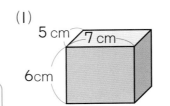　(2)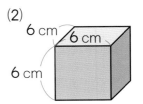

解き方 体積を求める公式にあてはめます。

(1)　直方体の体積＝たて×横×高さ　なので、

5×[①☐]×[②☐]＝[③☐]
　たて　　横　　　高さ

答え　210 cm³

(2)　立方体の体積＝|辺×|辺×|辺　なので、

[①☐]×[②☐]×[③☐]＝[④☐]
　　|辺　　|辺　　|辺

答え　216 cm³

ぴったり 2
練習

★ できた問題には、「た」をかこう！★
 でき でき でき でき
1   2   3   4

学習日
月   日

教科書 19〜22 ページ ▷ 答え 3 ページ

1 1cm³ の積み木で、下のような形をつくりました。
体積は何 cm³ ですか。

教科書 19ページ **1**、20ページ **1** ▷

①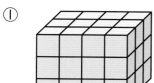

（　　　　　　　）

②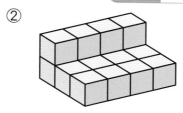

（　　　　　　　）

2 次のような形の体積は何 cm³ ですか。

教科書 20ページ **2** ▷

①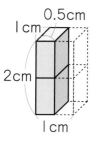

（　　　　　　　）

②
3cm
1cm
1cm 1cm 1cm
1cm

（　　　　　　　）

1cm³ の積み木の
何個分になるかな？

3 次の体積は、それぞれ何 cm³ ですか。

教科書 21ページ **2** ▷

① たて 3cm、横 8cm、高さ 5cm の直方体

（　　　　　　　）

② 1辺が 7cm の立方体

（　　　　　　　）

4 次のような直方体や立方体の体積は何 cm³ ですか。

教科書 21ページ **2** ▷

①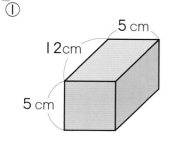
5 cm
12cm
5 cm

（　　　　　　　）

②
3 cm 5 cm
13cm

（　　　　　　　）

③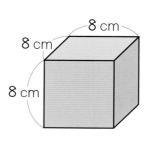
8 cm
8 cm
8 cm

（　　　　　　　）

ヒント ❷ ① 上下の形をあわせると、1cm³ の立方体1個分になります。
② 左右の形をあわせると、1cm³ の立方体1個分になります。

② 体積の求め方のくふう

✏ 次の□にあてはまる数をかきましょう。

◎ねらい　複雑な図形の体積の求め方を理解しよう。　　　練習 ①②→

🐾 複雑な図形の体積の求め方

はじめに、直方体や立方体を見つけます。

解き方1

①　いくつかの直方体や立方体に分けて、
それらの直方体や立方体の体積をたし
ます。分け方は、いろいろあります。

解き方2

②　大きな直方体や立方体の体積から、よぶんな部分の体積をひきます。

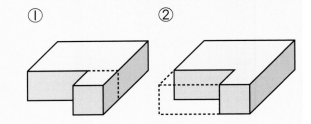

1 右のような形の体積を求めましょう。

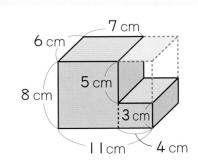

解き方

解き方1

たての線で、2つの直方体に分けます。

$6×7×8+6×4×\boxed{①}=\boxed{②}$

解き方2

大きな直方体から、青色の点線の部分をひきます。

$6×11×8-6×\boxed{③}×5=\boxed{④}$

答え　408 cm³

2 右のような形の体積を求めましょう。

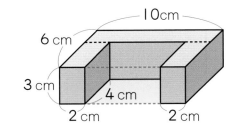

解き方

解き方1

横の線で、3つの直方体に分けます。

$4×2×3×2+\boxed{①}×10×3=\boxed{②}$

└→この形が2つだから、2倍

解き方2

大きな直方体から、青色の点線の部分をひきます。

$6×10×3-\boxed{③}×6×3=\boxed{④}$

答え　108 cm³

いくつかの直方体や立方体
に分ける分け方は、ほかに
もあるよ。

教科書 23〜25 ページ　　答え 3 ページ

1 右のような形の体積を 2 とおりの方法で求めましょう。

ただし、それぞれの図に線をかき入れて、体積を求めるときの考え方がわかるようにしましょう。

教科書 23 ページ **1**

考え方 1 （　　　　　　　　　　　　　　）

式

答え （　　　　　　　　　）

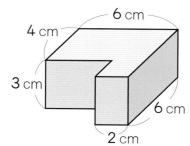

考え方 2 （　　　　　　　　　　　　　　）

式

答え （　　　　　　　　　）

2 次のような形の体積を求めましょう。

教科書 25 ページ **1**

①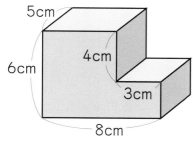

（　　　　　　　　　）

②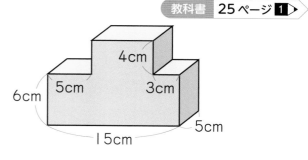

（　　　　　　　　　）

③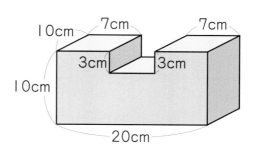

（　　　　　　　　　）

④

（　　　　　　　　　）

ぴったり1 準備

② 体積

③ いろいろな体積の単位

📖 教科書　26〜28 ページ　🔜 答え　4 ページ

✏️ 次の◯にあてはまる数をかきましょう。

◎ねらい 大きな体積の表し方を理解しよう。

練習 ①②→

🐾 大きな体積の表し方

| 辺が | m の立方体の体積を **| 立方メートル** といい、

| m³ とかきます。

🐾 cm³ と m³ の関係

$$| \text{ m}^3 = 1000000 \text{ cm}^3$$

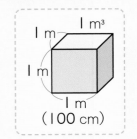

1 m³
1 m
1 m
1 m
（100 cm）

---

1 右のような直方体や立方体の体積は何 m³ ですか。

解き方 (1) 直方体の体積＝たて×横×高さ　で求めます。

$$4 × \boxed{} × 3 = 72$$
たて　横　高さ

答え　$\boxed{}$ m³

(2) 立方体の体積＝| 辺×| 辺×| 辺　で求めます。

$$3 × 3 × \boxed{} = 27$$
| 辺　| 辺　| 辺

答え　$\boxed{}$ m³

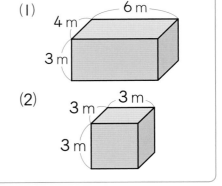

(1) 6 m / 4 m / 3 m

(2) 3 m / 3 m / 3 m

◎ねらい 内のりの意味を理解して、入れもののかさが求められるようにしよう。

練習 ③④→

🐾 内のり

入れものの内側の、たて、横、深さを **内のり** といいます。

[例] 右の図の入れものの内のりは、たて８cm、横４cm、深さ

２cm です。

入れものにはいるかさは、その中にいっぱいに入れた水などの

体積で表し、それをその入れものの **容積** といいます。

🐾 L と cm³、m³ の関係

$$| \text{ L} = 1000 \text{ cm}^3 \qquad | \text{ m}^3 = 1000 \text{ L}$$

| mL　$\xrightarrow{1000倍}$　| L　$\xrightarrow{1000倍}$　| kL（1000 L）

（1 cm³）　（1000 cm³）　（1 m³）

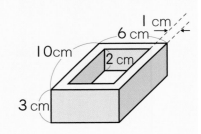

1 cm / 6 cm / 10cm / 2 cm / 3 cm

---

2 厚さ２cm の板でできた、右の入れものの容積は何 cm³ ですか。

解き方 この入れものの内のりのたては || cm、

横は①$\boxed{}$ cm、深さは８cm だから、

$$|| × ②\boxed{} × 8 = ③\boxed{}$$
たて　横　深さ

答え　④$\boxed{}$ cm³

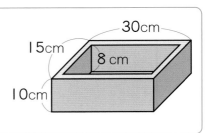

30cm / 15cm / 8 cm / 10cm

ぴったり 2
練習

★ できた問題には、「た」をかこう！★
でき ① でき ② でき ③ でき ④

学習日
月　　　日

教科書 26〜28 ページ　答え 4 ページ

① 次の直方体や立方体の体積は何 m³ ですか。

教科書 26 ページ **1**

① 4 m　6 m　6 m

（　　　　　　　　　）

② 5 m　5 m　5 m

（　　　　　　　　　）

② □ にあてはまる数をかきましょう。

教科書 26 ページ **2**

① 4 m³＝□ cm³

② 20000000 cm³＝□ m³

🔍 よくみて

③ 右の図のような、厚さ1cm の板でできた入れものがあります。

教科書 27 ページ **4**

① この入れものの内のりの、たて、横、深さは、それぞれ何 cm ですか。

たて（　　　　　　　　）

横（　　　　　　　　）　深さ（　　　　　　　　）

② この入れものの容積は、何 cm³ ですか。

（　　　　　　　　）

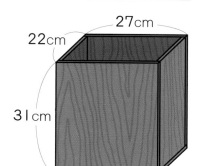

27cm
22cm
31cm

④ □ にあてはまる数をかきましょう。

教科書 28 ページ **5**

① 6L＝□ cm³

② 80000 cm³＝□ L

③ 750 cm³＝□ mL

④ 50 mL＝□ cm³

⑤ 3 m³＝□ L

⑥ 95000 L＝□ m³

🐛ヒント　❸ ① 板の厚さを考えて、内のりの長さを求めます。

② 体積

教科書　19〜31 ページ　　答え　5 ページ

知識・技能　　　　　　　　　　　　　　　　　　　／72点

❶　1 cm³ の積み木で、右の図のような形をつくりました。
体積は何 cm³ ですか。　　　　　　　　　　　　　　　　　（4点）

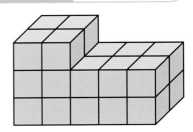

（　　　　　　　　　　）

❷　よく出る　次の □ にあてはまる数をかきましょう。　　　各3点（12点）

①　7 m³ = □ cm³

②　5 m³ = □ L

③　15 L = □ cm³

④　300 mL = □ cm³

❸　よく出る　次のような直方体や立方体の体積を求めましょう。　　式・答え 各3点（24点）

①

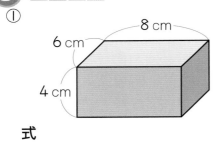

8 cm
6 cm
4 cm

式

答え（　　　　　　　　）

②

4 m
4 m
4 m

式

答え（　　　　　　　　）

③

10 cm
12 cm
13 cm

式

答え（　　　　　　　　）

④

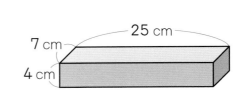

25 cm
7 cm
4 cm

式

答え（　　　　　　　　）

4 次のような形の体積を求めましょう。

式・答え 各4点(32点)

①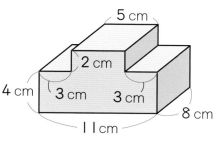

式

答え（　　　　　　　）

②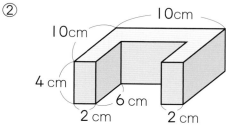

式

答え（　　　　　　　）

③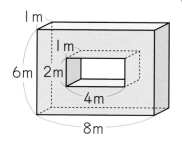

式

答え（　　　　　　　）

④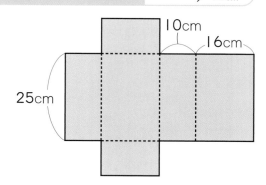

式

答え（　　　　　　　）

z

思考・判断・表現　　　　　　　　　　／28点

5 右の展開図からできる直方体の体積は何 cm^3 ですか。

式・答え 各4点(8点)

式

答え（　　　　　　　）

できたらスゴイ！

6 内のりが、たて 25 cm、横 20 cm、深さ 10 cm になっている入れものがあります。

式・答え 各5点(20点)

① この入れものの容積は何 cm^3 ですか。

式

答え（　　　　　　　）

② この入れものに水を 1L 入れると、水の深さは何 cm になりますか。

式

答え（　　　　　　　）

ふりかえり　❸ がわからないときは、6ページの❷ にもどって確にんしてみよう。

3 2つの量の変わり方

（比例）

3分でまとめ

教科書　33～35ページ　　答え　6ページ

✏️ 次の ⬚ にあてはまる数やことばをかきましょう。

◎ ねらい　比例（ひれい）する2つの量の関係（りかい）を理解しよう。

練習 **1 2** ➡

🐾 **比例**

　2つの量□と△があって、□が2倍、3倍、4倍、…になると、それに対応（たいおう）する△も2倍、3倍、4倍、…になるとき、△は□に**比例する**といいます。

〔例〕正方形の1辺の長さ□cm とまわりの長さ△cm

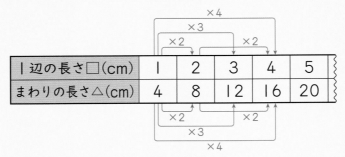

1辺の長さ□（cm）	1	2	3	4	5
まわりの長さ△（cm）	4	8	12	16	20

　1辺の長さ□cm が2倍、3倍、…になると、

まわりの長さ△cm も2倍、3倍、…になるので、

正方形のまわりの長さは1辺の長さに比例します。

　□と△の関係を式に表すと、4×□＝△になります。

　1辺の長さとまわりの長さの関係を数直線に表すと、下のようになります。

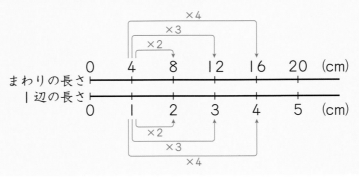

1 次の2つの量が比例しているか調べましょう。

　　1まい 50 g の板のまい数と重さ

解き方 板のまい数を□まい、重さを△g として表にかくと、下のようになります。

板のまい数□（まい）	1	2	3	4	5
重さ△（g）	50	100	150	200	250

　板のまい数□まいが2倍、3倍、…になると、

重さ△g も ⬚ 倍、 ⬚ 倍、…になるので、

板の重さ△g はまい数□まいに比例 ⬚ 。

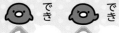

教科書　33〜35 ページ　　答え　6 ページ

① 次の表に数をかき入れて、2つの量が比例しているかいないか答えましょう。

教科書 33 ページ ①、35 ページ ②

①　6L の油の使った量と残りの量

使った量□(L)	1	2	3	4	5
残りの量△(L)	5				

（比例して　　　　　）

②　正三角形の1辺の長さとまわりの長さ

1辺の長さ□(cm)	1	2	3	4	5
まわりの長さ△(cm)	3				

（比例して　　　　　）

③　横の長さが8cm の長方形のたての長さと面積

たての長さ□(cm)	1	2	3	4	5
面積△(cm²)	8				

（比例して　　　　　）

② 直方体の形をした水そうに水を入れていくとき、水を入れる時間と水の深さの関係は、下の表のようになりました。

教科書 33 ページ ①、35 ページ ②

時間（分）	1	2	3	4	5
水の深さ（cm）	2	4	6	8	10

①　時間が2倍、3倍、…になると、水の深さはどのように変わりますか。

（　　　　　　　　）

②　水を入れる時間を□分、水の深さを△ cm として、□と△の関係を式に表しましょう。

（　　　　　　　　）

③　水を9分入れたときの水の深さは何 cm ですか。

（　　　　　　　　）

ぴったり **1** 準備

3分でまとめ

3 2つの量の変わり方

（□と△を使った式）

学習日 　月　　日

教科書 36〜38ページ　答え 6ページ

✎ 次の◯にあてはまる数をかきましょう。

🎯 **ねらい** ともなって変わる2つの量の関係を式に表すことができるようにしよう。 練習 ①②③→

🐾 □と△を使って式に表す

ともなって変わる2つの数量は、表をかくと変わり方がわかりやすくなります。

2つの数量の関係を□と△を使って式に表すと、数が大きくなっても計算で答えが求めやすくなります。

1 厚さ2cmの板と太い木のぼうを使って、テーブルをつくります。木のぼうの長さを変えていったとき、テーブルの高さがどのように変わっていくかを調べます。

テーブルの高さ　木のぼうの長さ

(1) 木のぼうの長さとテーブルの高さの関係を表にまとめましょう。

(2) 木のぼうの長さを□cm、テーブルの高さを△cmとして、□と△の関係を式に表しましょう。

解き方 (1)

木のぼうの長さ(cm)	20	21	22	23	24
テーブルの高さ(cm)	22	23	①	②	③

(2) 表をたてに見ると、テーブルの高さ△cmは、木のぼうの長さ□cmより2大きくなっています。□と△の関係を式に表すと、□＋◯＝△　となります。

2 下の図のように、マッチぼうを使って、正三角形をつくり横にならべていきます。

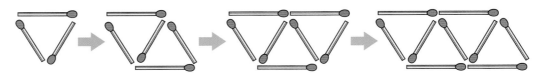

(1) 正三角形の数を□個、マッチぼうの数を△本として、□と△の関係を式に表しましょう。

(2) 正三角形の数が10個のときのマッチぼうの数を求めましょう。

解き方 (1) 表をかいて、2つの数量の関係を調べます。

表を横に見ると、正三角形の数が1個増えると、マッチぼうの数は◯本増えているから、□と△の関係を式に表すと、3＋◯×(□−1)＝△となります。

	増える	増える	増える	
正三角形の数□(個)	1	2	3	4	5
マッチぼうの数△(本)	3	5	7	9	
	2増える	2増える	2増える	

1＋2×□＝△
という式もつくれるね。
どうやって考えたのかな。

(2) (1)で求めた式で、□に10をあてはめたときの△にあたる数を求めます。

3＋2×(10−1)＝◯　　　答え 21本

📖教科書　36〜38ページ　▷答え　6ページ

1 50gの箱に1個20gのビー玉を入れていきます。

教科書 36ページ ❸

① ビー玉の個数□個と全体の重さ△gの関係を調べて、次の表にまとめましょう。

ビー玉の個数□(個)	1	2	3	4	5
全体の重さ△(g)	70				

② □と△の関係を式に表しましょう。

（　　　　　　　　　　）

③ ビー玉の個数が18個のとき、全体の重さは何gになりますか。

（　　　　　　　　　　）

2 下の図のように、長さの等しいぼうを使って、五角形をつくり横にならべていきます。五角形の数を□個、ぼうの数を△本として、□と△の関係を式に表しましょう。

教科書 37ページ ❹

（　　　　　　　　　　）

3 同じ大きさのつくえがいくつもあります。つくえ1つのまわりには、6人がすわれます。下の図のように、つくえをつけていき、つくえのまわりにすわれる人数を考えます。

教科書 37ページ ❹

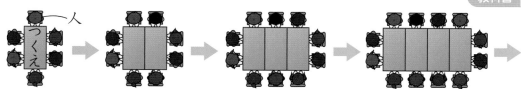

① つくえの数を□個、すわれる人の数を△人として、□と△の関係を式に表しましょう。

（　　　　　　　　　　）

② つくえの数が8個のとき、すわれる人は何人ですか。

（　　　　　　　　　　）

😊ヒント　**1** ① 箱の重さ＋ビー玉の重さ＝全体の重さ　になります。
　　　　　3 ① つくえが1個増えると、すわれる人が何人増えるかを考えます。

ぴったり3
確かめのテスト。
③ 2つの量の変わり方

時間 30分
／100
合格 80点

教科書 33〜38ページ　答え 7ページ

知識・技能　／48点

1 よく出る 次の表に数をかき入れて、2つの量が比例しているかいないか答えましょう。

各8点（24点）

① 1本の重さが4gのくぎの本数と重さ

くぎの本数□（本）	1	2	3	4	5
重さ△（g）	4	8			

（比例して　　　　　）

② 1個60円のおかしを50円の箱に入れたときの、おかしの個数と代金

おかしの個数□（個）	1	2	3	4	5
代金△（円）	110	170			

（比例して　　　　　）

③ 20まいのクッキーを姉妹で分けるときの、姉のまい数と妹のまい数

姉のまい数□（まい）	1	2	3	4	5
妹のまい数△（まい）	19	18			

（比例して　　　　　）

2 1個30円のおかしを買うときの、おかしの個数と代金の関係について、調べます。

各8点（24点）

① おかしの個数と代金について、次の表にまとめましょう。

おかしの個数（個）	1	2	3	4	5
代金（円）	30	60			

② おかしの個数が2倍、3倍、…になると、代金はどのように変わりますか。

（　　　　　　　　　）

③ おかしの個数を□個、代金を△円として、□と△の関係を式に表しましょう。

（　　　　　　　　　）

思考・判断・表現 　　　　　　　　　　　　　　　　　　　　　　　　　／52点

3 高さ8cm の紙コップ2個と糸を使って、糸電話をつくります。糸の長さを変えていったとき、糸電話の長さがどのように変わっていくか、その関係を調べます。 ①、②8点、③9点（25点）

紙コップの高さ　紙コップ　糸　糸電話の長さ　糸の長さ

① 糸の長さと糸電話の長さを調べて、下の表にまとめましょう。

糸の長さ（cm）	200	210	220	230	240	250
糸電話の長さ（cm）	216	226				

② 糸の長さが10cm ずつ増えると、糸電話の長さはどう変わりますか。

（　　　　　　　　　　　　　　　）

③ 糸の長さを□cm、糸電話の長さを△cm として、□と△の関係を式に表しましょう。

（　　　　　　　　　　　　　　　）

できたらスゴイ！

4 下の図のように、1辺が2cm の正方形を重ねていきます。 各9点（27点）

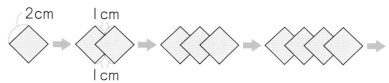

2cm　1cm　1cm

① 下の表は、正方形の数□まいと、重ねてできる図形の面積△cm² の関係を調べてまとめたものです。

□と△の関係を式に表しましょう。

正方形の数□（まい）	1	2	3	4	5
図形の面積△（cm²）	4	7	10	13	16

（　　　　　　　　　　　　　　　）

② 正方形を7まい重ねてできる図形の面積は何 cm² ですか。

（　　　　　　　　　　　　　　　）

③ 重ねてできる図形の面積が25cm² になるのは、正方形を何まい重ねたときですか。

（　　　　　　　　　　　　　　　）

 **ふりかえり** ❶がわからないときは、14 ページの❶にもどって確にんしてみよう。

ぴったり **1**
準備
3分でまとめ

4 小数のかけ算

① 小数をかける計算

学習日　　月　　日

教科書　41〜44ページ　　答え　7ページ

✏️ 次の◯◯にあてはまる数をかきましょう。

🎯 **ねらい** 整数に小数をかける計算のしかたを考えよう。　　練習 ① ② →

🐾 **小数をかける計算**

小数をかける計算は、これまでに学習した考えを使えば計算できます。

1 1mのねだんが60円のリボンを3.5m買います。代金は何円ですか。

解き方 1mのねだん × 長さ ＝ 代金　で求めます。

　長さが3.5mのリボンの代金は、60円の3.5倍なので、

代金を求める式は、60×◯① です。

解き方1　計算の答えを、0.1mの代金から求めます。

　3.5mは0.1mの◯② 個分です。

　0.1mの代金　60÷10　　3.5mの代金　(60÷10)×35

　60×3.5＝60÷10×35＝◯③ 　　　　答え　210円

解き方2　計算の答えを、35mの代金から求めます。

　35mは3.5mの◯④ 倍なので、35mの代金を10でわります。

　35mの代金　60×35　　3.5mの代金　(60×35)÷10

　60×3.5＝60×35÷10＝◯⑤ 　　　　　　答え　210円

どちらの考えで計算しても、
答えは同じになるね。

🎯 **ねらい** 整数×小数の計算のしかたを理解しよう。　　練習 ③ →

🐾 **整数×小数**

かける数を10倍などして、整数になおして計算し、
その積を10などでわります。

$$80×0.3＝24$$
$$80× 3 ＝240$$
（×10↓　÷10）

※小数のかけ算では、1より小さい数をかけると、積はかけられる数より小さくなります。

2 かけ算をしましょう。

(1)　90×0.4　　　　　　　　　　　　(2)　800×0.6

解き方 かける数を整数になおして計算し、その積を10などでわります。

(1)　90×0.4＝ ◯◯◯ 　　　　　　　(2)　800×0.6＝ ◯◯◯

　　×10↓　　　↑÷10　　　　　　　　×10↓　　　↑÷10

　90× 4 ＝ 360　　　　　　　　　800× 6 ＝ 4800

ぴったり 2
練習

★ できた問題には、「た」をかこう！ ★
でき 1　でき 2　でき 3

学習日　　月　　日

教科書　41〜44 ページ　　答え　8 ページ

1 1 m のねだんが 70 円のリボンを 2.8 m 買うときの代金を求めます。　　教科書　41 ページ **1**

① 代金を求める式をかきましょう。

（　　　　　　　　　　）

② このリボンの 0.1 m の代金は何円ですか。

（　　　　　　　　　　）

③ 2.8 m が、0.1 m の何個分かを考えて、答えを求めましょう。

（　　　　　　　　　　）

2 □にあてはまる数をかきましょう。　　教科書　41 ページ **1**

① $40 \times 1.5 = 40 \times 15 \div$ □

② $700 \times 6.2 = 700 \times 62 \div$ □

③ $50 \times 3.7 = 50 \times$ □ $\div 10$

④ $300 \times 2.6 = 300 \times$ □ $\div 10$

3 かけ算をしましょう。　　教科書　44 ページ **2**

① 30×0.5　　　② 60×0.7　　　③ 80×0.2

④ 400×0.8　　　⑤ 700×0.9　　　⑥ 100×0.1

ヒント　**3** ① 0.5 を 10 倍して計算し、その積を 10 でわります。

✏️次の ▭ にあてはまる数をかきましょう。

◎ねらい　小数に小数をかける計算ができるようにしよう。

練習 ①②③④⑤→

🐾 **小数×小数**

　小数×小数のときも、小数×整数や整数×整数になおすと答えを求めることができ、筆算ですることもできます。

$$8.9 × 4.7 = 41.83$$
×10↓　　↓×10　　　÷100
$$89 × 47 = 4183$$

🐾 **小数をかける筆算のしかた**

❶　小数点がないものとして計算する。

❷　積の小数点は、かけられる数とかける数の小数部分のけた数の和だけ右から数えてうつ。

```
    8.9 …1けた┐
  × 4.7 …1けた┘
    6 2 3
  3 5 6
  4 1.8 3 …2けた←
```

1 2.7×3.8 の筆算のしかたを考えましょう。

解き方 2.7 を 10 倍し、3.8 を ▭ 倍すると、27×38 の整数のかけ算になります。

　これは、2.7×3.8 の積の ▭ 倍だから、
2.7×3.8 の積は、1026 を 100 でわって求めます。

　求める答えは、▭ となります。

　また、この計算の考えを式に表すと、
　　　　2.7×3.8＝27×38÷100＝10.26

```
    2.7    ×10→   27
  × 3.8    ×10→  ×38
    2 1 6         2 1 6
    8 1           8 1
  1 0.2 6       1 0 2 6
         ÷100
```

2 4.3×2.7 を、積の見当をつけてから筆算でしましょう。

解き方 積の見当は、上から 1 けたのがい数になおして、
4× ▭ ＝ ▭ から、積は 12 くらいと見当をつけます。

　筆算ですると、右のようになり、4.3×2.7＝ ▭ となります。

```
    4.3 …1けた┐
  × 2.7 …1けた┘
    3 0 1
    8 6
  1 1.6 1 …2けた←
```

3 筆算でしましょう。

(1)　5.9×4.8

(2)　1.54×3.7

解き方

(1)
```
    5.9 …1けた┐
  × 4.8 …1けた┘
    4 7 2
  2 3 6
  ▭ …2けた←
```

(2)
```
    1.5 4 …2けた┐
  ×   3.7 …1けた┘
    1 0 7 8
    4 6 2
  ▭ …3けた←
```

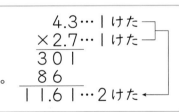

1.54×3.7＝▭
×100↓　↓×10　÷1000
154×37＝▭

と考えるんだね。

📖 教科書 45〜46 ページ ➡ 答え 8 ページ

1 次の ☐ にあてはまる数をかきましょう。

教科書 45 ページ **1**

① 6.8×2.1＝68×21÷ ☐

② 1.9×3.5＝19× ☐ ÷100

2 積の見当をつけてから、計算しましょう。

教科書 46 ページ **1**

①　　6.8　　積の見当
　　×2.1　　　　（　　　　　）

②　　1.9　　積の見当
　　×3.5　　　　（　　　　　）

3 64×13＝832 をもとにして、次の積を求めましょう。

教科書 46 ページ **2**

① 64×1.3 　（　　　　　）

② 6.4×13 　（　　　　　）

③ 6.4×1.3 　（　　　　　）

4 かけ算をしましょう。

教科書 45 ページ **1**

①　　5.8
　　×2.7

②　　2.3
　　×1.5

③　　4.2
　　×3.8

5 かけ算をしましょう。

教科書 46 ページ **2**

①　　1.56
　　×　2.8

②　　0.38
　　×　4.7

③　　2.41
　　×　0.9

④　　7.3
　　×1.46

⑤　　2.5
　　×0.93

⑥　　3.4
　　×0.78

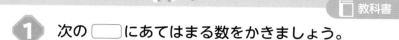 ② 積の見当は、上から2けためを四捨五入して、がい数にしてから計算しましょう。

② 小数のかけ算－(2)

教科書　47〜48ページ　　答え　9ページ

✏ 次の◯にあてはまる数や記号をかきましょう。

ねらい 小数のかけ算で、正しい積が求められるようにしよう。　練習 ①②→

🐾 小数をかける筆算

小数のかけ算では、答えの0を消したり、答えに0をつけたりすることがあります。

① 不要な0は消す

```
  2.5 …1けた
× 8.4 …1けた
─────
 1 0 0
2 0 0
─────
2 1.0 0 …2けた
```
〔0は消す〕

積の小数部分の右はしにある不要な0は消して答えます。

② 必要な0はおぎなう

```
  0.2 4 …2けた
× 0.3 6 …2けた
─────
 1 4 4
 7 2
─────
0.0 8 6 4 …4けた
```
〔0をつける〕

積の小数点をうつときに、0をつけて答えます。

1 筆算でしましょう。

(1) 0.46×3.5

(2) 2.5×0.38

解き方 (1)
```
  0.4 6 …2けた
×   3.5 …1けた
─────
  2 3 0
1 3 8
─────
[　　　] …3けた
```
積の右はしの0は消します。

(2)
```
    2.5 …1けた
× 0.3 8 …2けた
─────
  2 0 0
  7 5
─────
[　　　] …3けた
```
積の一の位に0をかきます。

ねらい かける数と積の大きさの関係について理解しておこう。　練習 ③→

🐾 積の大きさ

小数のかけ算では、かける数と積の大きさの関係について、次のことがいえます。

⭐かける数＞1のとき、　積＞かけられる数
⭐かける数＝1のとき、　積＝かけられる数
⭐かける数＜1のとき、　積＜かけられる数

2 積が8.4より大きくなるものを見つけましょう。
　あ　8.4×1.1　　　　　　　　い　8.4×0.9

解き方 計算をしなくても、かける数が1より大きければ、積はかけられる数より大きくなるので、かける数の大きさでわかります。かける数が1より大きいのは、[　　　]だから、

[　　　]の積は、かけられる数の8.4より大きくなります。
計算をしてみると、右のようになります。
　あ　9.24＞8.4　　い　7.56＜8.4　　　答え　あ

```
あ    8.4      い    8.4
    ×1.1          ×0.9
    ─────        ─────
      8 4          7.5 6
    8 4
    ─────
    9.2 4
```

教科書 47〜48 ページ　　答え 9 ページ

1　かけ算をしましょう。

教科書 47 ページ 3

①　　4.8
　　×3.5

②　　0.42
　　×　7.5

③　　　24
　　×0.65

④　　5.6
　　×2.5

⑤　　32.5
　　×　1.2

⑥　　　80
　　×0.45

2　かけ算をしましょう。

教科書 47 ページ 3

①　　0.18
　　×　3.6

②　　2.9
　　×0.32

③　　0.7
　　×0.48

④　　0.13
　　×0.28

⑤　　0.35
　　×0.46

⑥　　0.62
　　×0.15

3　計算をしないで、積が 5.9 より小さくなるものを選びましょう。

教科書 48 ページ 4

あ 5.9×1.2　　い 5.9×0.9　　う 5.9×2　　え 5.9×0.1　　お 5.9×1

（　　　　　　　）

ヒント　1 積の小数部分の右はしの0は消します。
　　　　2 一の位や小数第一位に0をつけて積を求めます。

📖 教科書　49〜50ページ　✏️ 答え　9ページ

✏️ 次の ⬚ にあてはまる数をかきましょう。

🎯ねらい　辺の長さが小数のときの面積や体積が求められるようにしよう。　練習 ❶ ❷ →

🐾 小数と面積や体積の公式

面積や体積は、辺の長さが小数で表されているときも、公式を使って求めることができます。

1 右のような長方形の面積、直方体の体積を
それぞれ求めましょう。

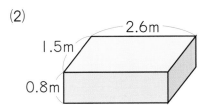

(1)
3.5cm
4.2cm

(2)
2.6m
1.5m
0.8m

解き方 (1)　長方形の面積＝たて×横　だから、

$3.5 \times 4.2 =$ ⬚

答え　14.7 cm²

(2)　直方体の体積＝たて×横×高さ　だから、

$1.5 \times 2.6 \times$ ⬚ $=$ ⬚

答え　3.12 m³

🎯ねらい　小数のときも計算のきまりが使えるようにしよう。　練習 ❸ ❹ →

整数のときになりたったかけ算のきまりは、小数のときにもなりたちます。

$$□ \times ○ = ○ \times □$$

$$(□ \times ○) \times △ = □ \times (○ \times △)$$

（　）を使った計算のきまりは、小数のときにもなりたちます。

$$(□ + ○) \times △ = □ \times △ + ○ \times △$$

$$(□ - ○) \times △ = □ \times △ - ○ \times △$$

2 くふうして、計算しましょう。

(1)　$6.8 \times 4 \times 2.5$

(2)　$5.1 \times 7.6 + 4.9 \times 7.6$

解き方 計算のきまりを使って、くふうして計算します。

(1)　$(□ \times ○) \times △ = □ \times (○ \times △)$
のきまりを使います。

$6.8 \times 4 \times 2.5 = 6.8 \times ($ ⬚ $\times 2.5)$

$= 6.8 \times$ ⬚

$= 68$

(2)　$(□ + ○) \times △ = □ \times △ + ○ \times △$
のきまりを使います。

$5.1 \times 7.6 + 4.9 \times 7.6$

$= ($ ⬚ $+ 4.9) \times 7.6$

$=$ ⬚ $\times 7.6$

$= 76$

ぴったり 2

練習

学習日
月　　　日

★ できた問題には、「た」をかこう！★
でき 1　でき 2　でき 3　でき 4

教科書 49〜50 ページ　　答え　9 ページ

1 次の長方形や正方形の面積を求めましょう。　教科書 49 ページ **1**

① たて 2.8 cm、横 5.2 cm の長方形の面積

（　　　　　　　　）

② １辺の長さが 0.7 m の正方形の面積

（　　　　　　　　）

2 次の直方体や立方体の体積を求めましょう。　教科書 49 ページ **1**

① たて 4.5 cm、横 6 cm、高さ 3.2 cm の直方体の体積

（　　　　　　　　）

② １辺の長さが 1.2 m の立方体の体積

（　　　　　　　　）

3 くふうして、計算しましょう。　教科書 50 ページ **2**

① 2×7.3×5

② 4.2×8×2.5

4 くふうして、計算しましょう。　教科書 50 ページ **2**

① 1.6×0.7＋0.4×0.7

② 2.8×34−0.8×34

③ 2.7×1.1

④ 9.9×6

●ヒント　④ ③ 1.1＝1＋0.1 と考えます。
④ 9.9＝10−0.1 と考えます。

ぴったり3
確かめのテスト

④ 小数のかけ算

時間 **30** 分

／100

合格 **80** 点

教科書 41〜52ページ　答え 10ページ

知識・技能　／92点

① ◯にあてはまる数をかきましょう。　各3点(6点)

① $13 \times 2.4 = 13 \times 24 \div \boxed{}$

② $5.4 \times 1.9 = 54 \times 19 \div \boxed{}$

② $46 \times 52 = 2392$ をもとにして、次の積を求めましょう。　各3点(9点)

① 46×5.2

② 4.6×5.2

③ 4.6×52

（　　　　）（　　　　）（　　　　）

③ 下のⓐからⓚのうち、積がかけられる数より小さくなるものを選びましょう。（全部できて4点）

ⓐ 7×1.1　　ⓘ 9×0.9　　ⓤ 0.2×0.6　　ⓔ 0.01×0.21

ⓞ 5.1×1.2　　ⓚ 9.1×8　　ⓝ 6.3×1　　ⓛ 0.05×0.7

（　　　　　　　）

④ **よく出る** かけ算をしましょう。　各4点(36点)

①
```
   5.6
×  3.2
```

②
```
   3.1
×  8.2
```

③
```
  1.2 3
×   4.2
```

④
```
    5.2
× 0.3 8
```

⑤
```
   6.5
×  4.8
```

⑥
```
     7 0
× 0.5 3
```

⑦
```
   0.7 5
×    5.4
```

⑧
```
     0.8
× 0.4 5
```

⑨
```
   0.3 4
× 0.6 9
```

5 正しい積になるように、小数点をうちましょう。　　　　　　　　各3点(9点)

①
```
    2.8
  ×3.4
  ーーー
  1 1 2
  8 4
  ーーー
  9 5 2
```

②
```
    0.6
  ×7.5
  ーーー
    3 0
  4 2
  ーーー
  4 5 0
```

③
```
    0.1 5
  ×0.5 8
  ーーーー
  1 2 0
  7 5
  ーーーー
  8 7 0
```

6 次の長方形の面積、直方体の体積を求めましょう。　　　式・答え 各3点(12点)

① たて 4.6 cm、横 10.3 cm の長方形の面積

式

答え　（　　　　　　　）

② たて 0.9 m、横 2.4 m、高さ 0.7 m の直方体の体積

式

答え　（　　　　　　　）

7 よく出る くふうして、計算しましょう。　　　　　　　各4点(16点)

① 2.5×0.3×8

② 17×0.2×0.5

③ 0.9×0.6+4.1×0.6

④ 49×0.36

思考・判断・表現　　　　　　　　　　　　　　　／8点

8 よく出る 1 m の重さが 3.6 kg の鉄のパイプがあります。
この鉄のパイプ 4.5 m の重さは何 kg ですか。　　　式・答え 各4点(8点)

式

答え　（　　　　　　　）

ふりかえり ❶ がわからないときは、20 ページの ❶ にもどって確にんしてみよう。

付録の「計算せんもんドリル」 1 ～ 7 もやってみよう！

教科書 55〜58ページ　答え 11ページ

✏ 次の　　にあてはまる数をかきましょう。

🎯 ねらい　整数を小数でわる計算のしかたを考えよう。　練習 ①➡

🐾 小数でわる計算

　小数でわる計算は、これまでに学習した考えを使えば計算できます。

1 リボン 1.8 m の代金が 90 円でした。このリボン 1 m のねだんは何円ですか。

解き方　代金÷長さ＝1 m のねだん　で求めます。

　1 m のねだんを□円とすると、□円の 1.8 倍が 90 円になるので、
1 m のねだん□円を求める式は、90÷①　　　　です。

解き方1　計算の答えを、0.1 m の代金から考えます。
　　　1.8 m は 0.1 m の②　　　　個分です。
　　　0.1 m の代金　90÷18　　1 m のねだん　(90÷18)×10
　　　90÷1.8＝90÷18×10＝③　　　　　　　　答え　50 円

どちらの考えで
計算しても、
答えは同じに
なるよ。

解き方2　計算の答えを、18 m の代金から考えます。
　　　18 m は、1 m の④　　　　倍なので、18 m の代金を 18 でわります。
　　　18 m の代金　90×10　　1 m のねだん　(90×10)÷18
　　　90÷1.8＝90×10÷18＝⑤　　　　　　　答え　50 円

🎯 ねらい　整数÷小数の計算のしかたを理解しよう。　練習 ② ③➡

🐾 整数÷小数

　小数のわり算では、1 より小さい数でわると、商はわられる数より大きくなります。
　わり算のきまり(わられる数とわる数に同じ数をかけても商は同じ)を使って、わられる数とわる数の両方を 10 倍などして、整数になおして計算します。

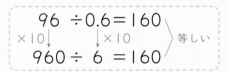

2 わり算をしましょう。
(1)　60÷0.5　　　　　　　　　　　　(2)　84÷0.4

解き方　わる数を整数にするために、わられる数とわる数を 10 倍などして計算します。
(1)　60 ÷0.5＝　　　　　　　　　　(2)　84 ÷0.4＝
　　×10↓ ↓×10　　＞等しい　　　　　　×10↓ ↓×10　　＞等しい
　　600÷ 5 ＝ 120　　　　　　　　　840÷ 4 ＝ 210

教科書 55〜58ページ　答え 11ページ

1 リボン 2.6 m の代金が 156 円でした。このリボン 1 m のねだんを求めます。

教科書 55ページ 1

① 1 m のねだんを求める式をかきましょう。

（　　　　　　　　　）

② このリボン 0.1 m の代金は何円ですか。

（　　　　　　　　　）

③ 1 m が 0.1 m の何個分かを考えて、答えを求めましょう。

（　　　　　　　　　）

2 ☐ にあてはまる数をかきましょう。

教科書 55ページ 1

① $48 \div 1.6 = \boxed{} \div 16$

② $810 \div 2.7 = \boxed{} \div 27$

③ $70 \div 3.5 = 700 \div \boxed{}$

④ $900 \div 1.8 = 9000 \div \boxed{}$

3 わり算をしましょう。

教科書 58ページ 2

① $60 \div 0.3$　　　② $70 \div 0.7$　　　③ $40 \div 0.5$

④ $45 \div 0.9$　　　⑤ $24 \div 0.6$　　　⑥ $68 \div 0.8$

ヒント　❸ ① 60 と 0.3 を 10 倍して計算します。

教科書　59〜62 ページ　答え　12 ページ

✏ 次の◯にあてはまる数をかきましょう。

ねらい 小数を小数でわる計算ができるようにしよう。

練習 ① ② ③ ④ →

小数÷小数

　小数÷小数のときも、小数÷整数になおすと答えを求めることができ、筆算ですることもできます。

小数でわる筆算のしかた

❶　わる数が整数になるように、わる数とわられる数の小数点を、同じけた数だけ右に移して計算する。

❷　商の小数点は、わられる数の移した小数点にそろえてうつ。

小数のわり算の進めかた

　小数のわり算を進めるには、下の位に0をつけたしていきます。また、答えが1より小さくなるときは、一の位に0をかいて小数点をうちます。

```
        1 7
2.5 )4 2.5
  ×10  2 5  ×10
      1 7 5
      1 7 5
          0
```

1　8.96÷2.8 を、商の見当をつけてから、筆算でしましょう。

解き方　商の見当は、上から1けたのがい数になおして、

9÷◯＝◯から、商は3くらいと見当をつけます。

筆算すると、右のようになり、8.96÷2.8＝◯となります。

```
        3.2
2.8 )8.9 6
     8 4
      5 6
      5 6
        0
```

2　わりきれるまで計算しましょう。

(1)　17.1÷0.38　　　　　(2)　8÷3.2

解き方 (1)
```
          4 ◯
0.38 )1 7.1 0
      1 5 2
        1 9 0
        1 9 0
            0
```

(2)
```
        2.◯
3.2 )8 0
     6 4
      1 6 0
      1 6 0
          0
```

わり進むときは、0をつけたして計算するんだよ。

3　わりきれるまで計算しましょう。

(1)　1.8÷3.6　　　　　(2)　0.135÷0.25

解き方 (1)
```
        0.◯
3.6 )1.8 0
     1 8 0
         0
```

(2)
```
          0.5 ◯
0.25 )0.1 3.5
       1 2 5
         1 0 0
         1 0 0
             0
```

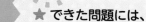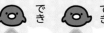
教科書 59〜62ページ ▶ 答え 12ページ

1 商の見当をつけてから、計算しましょう。　　　　教科書 59ページ **1**

① 4.7) 9.8 7　　商の見当（　　　　　　　）

② 2.2) 4 1.8　　商の見当（　　　　　　　）

③ 3.1) 8 9.9　　商の見当（　　　　　　　）

④ 0.9) 2.5 2　　商の見当（　　　　　　　）

2 わりきれるまで計算しましょう。　　　　教科書 61ページ **2**

① 0.3 8) 0.9 1 2

② 0.2 3) 5.5 2

③ 0.4 5) 3.1 5

3 わりきれるまで計算しましょう。　　　　教科書 62ページ **3**

① 0.2 8) 4.2

② 0.0 8) 3.6

③ 2.5) 1 3.5

④ 0.7 5) 1 2

⑤ 0.3 2) 1.1 2

⑥ 0.1 8) 9.4 5

4 わりきれるまで計算しましょう。　　　　教科書 62ページ **4**

① 3.5) 2.1

② 2.6) 1.9 5

③ 0.8 5) 0.3 7 4

ヒント　　**3** 0をつけたして、わり進めます。
　　　　　4 商は小数第一位から立ちます。

⑤ 小数のわり算

② 小数のわり算−(2)

📖 教科書 63〜65 ページ ➡ 答え 13 ページ

✏️ 次の◯◯にあてはまる記号や数をかきましょう。

◎ねらい **わる数と商の大きさの関係について理解しておこう。** 練習❶➡

🐾 **商の大きさ**

小数のわり算では、わる数と商の大きさの関係について、次のことがいえます。

★わる数＞1のとき、 商＜わられる数

★わる数＝1のとき、 商＝わられる数

★わる数＜1のとき、 商＞わられる数

1 計算をしないで、商がわられる数より大きくなるものを選びましょう。

あ 0.32÷1 い 6.2÷0.8 う 1.03÷5.6

解き方 わり算では、1より小さい数でわると、商はわられる数より大きくなるので、

◯◯の商はわられる数より大きくなります。

◎ねらい **あまりのある小数のわり算、商をがい数で求める小数のわり算ができるようにしよう。** 練習❷❸❹➡

🐾 **あまりのあるわり算**

小数でわる計算では、あまりの小数点は、わられる数のもとの小数点と同じ位置になります。

あまりのあるわり算は、次の式にあてはめて、答えを確かめましょう。

わられる数＝わる数×商＋あまり

$$3.2\overline{)18.4}$$
$$\underline{16.0}$$
$$2.4$$
（商は 5）

🐾 **商をがい数で求める**

商を四捨五入して、上から2けたのがい数で表すには、

上から3けためまで商を求め、3けためを四捨五入します。

2 3.22÷0.35 の計算で、商は整数だけにして、あまりも求めましょう。

解き方 計算は右のようになり、商は①◯◯で、

あまりは②◯◯となります。

答えを確かめると、0.35×9＋③◯◯＝④◯◯

$$0.35\overline{)3.22}$$
$$\underline{3.15}$$
$$0.07$$
←0をかきたす。
（商は 9）

3 4.8÷2.7 の商を四捨五入して、上から2けたのがい数で表しましょう。

解き方 右のように、筆算で商を上から3けためまで求めると、

4.8÷2.7＝1.77… となります。

上から◯◯けためを四捨五入して、1.77…となって、

答えは約◯◯です。

$$2.7\overline{)4.8}$$
$$\underline{27}$$
$$210$$
$$\underline{189}$$
$$210$$
$$\underline{189}$$
$$21$$
（商は 1.77）

ぴったり2
練習

★ できた問題には、「た」をかこう！★
でき 1　でき 2　でき 3　でき 4

教科書 63～65 ページ ▷ 答え 13 ページ

1 計算をしないで、商がわられる数より小さくなるものを見つけましょう。

教科書 63 ページ 5

ⓐ　25.2÷0.36　　　　ⓘ　52.7÷8.5　　　　ⓤ　0.23÷0.95

ⓔ　43.2÷0.24　　　　ⓞ　1.53÷1　　　　ⓚ　3.8÷1.5

（　　　　　　　）

2 商は整数だけにして、あまりも求めましょう。
また、答えを確かめましょう。

教科書 64 ページ 6

①　2.4〉5.1　　　　②　3.2〉9.8　　　　③　1.6〉12.1

確かめ　　　　　　　　確かめ　　　　　　　　確かめ
（　　　　　）（　　　　　）（　　　　　）

④　0.6〉8　　　　⑤　2.9〉25　　　　⑥　0.38〉2.35

確かめ　　　　　　　　確かめ　　　　　　　　確かめ
（　　　　　）（　　　　　）（　　　　　）

3 商は四捨五入して、上から2けたのがい数で表しましょう。

教科書 65 ページ 7

①　3.5〉7.9　　　　②　4.6〉2.8　　　　③　2.4〉5.62

4 3mの重さが2.5kgのパイプがあります。このパイプ1mの重さは約何kgですか。
商は四捨五入して、上から2けたのがい数で求めましょう。

教科書 65 ページ 7

式

答え（　　　　　　　）

🐾 ヒント　② 答えの確かめの式は、わられる数＝わる数×商＋あまり

35

⑤ 小数のわり算

知識・技能　　／80点

1 下の⑦から⑨のうち、商がわられる数より大きくなるものを選びましょう。　（4点）

⑦ 4.2÷0.6　　　　い 3.4÷1.7　　　　う 0.6÷0.3

え 15÷0.1　　　　お 2.8÷1　　　　か 6.5÷1.3

（　　　　　　　　　）

2 378÷18＝21 をもとにして、次の商を求めましょう。　各3点（6点）

① 378÷1.8　　　　　　　　　② 3.78÷1.8

（　　　　　　　　）　　　　　　（　　　　　　　　）

3 よく出る わりきれるまで計算しましょう。　各4点（36点）

①
1.2) 5.4

②
2.4) 3.1 2

③
3.6) 2 3.4

④
4.8) 1 2

⑤
0.6) 1.4 7

⑥
1.4) 4 6.9

⑦
0.2 4) 1.9 2

⑧
4.5) 1.0 8

⑨
7.2) 5.9 4

4 商は整数だけにして、あまりも求めましょう。　　　　　各4点(12点)

① $1.9\overline{)7.9}$　　　　　② $6.4\overline{)35.1}$　　　　　③ $2.6\overline{)42}$

5 よく出る　商は四捨五入して、上から2けたのがい数で表しましょう。　　　各4点(12点)

① $1.8\overline{)9.3}$　　　　　② $3.5\overline{)8.59}$　　　　　③ $9.1\overline{)5.4}$

6 よく出る　油0.65Lの重さが520gでした。この油1Lの重さは何gですか。

式・答え 各5点(10点)

式

答え（　　　　　　　　）

思考・判断・表現　　　　　／20点

7 よく出る　25Lの牛乳があります。これを1.5Lのパックにつめていきます。
パックは何個できて、何Lの牛乳があまりますか。　　　式・答え 各5点(10点)

式

答え（　　　　　　　　）

できたらスゴイ!

8 よく出る　長方形の花だんがあります。この花だんのたての長さは10.8mで、面積は81m²です。

横の長さは、たての長さの約何倍ですか。上から2けたのがい数で表しましょう。

式・答え 各5点(10点)

式

答え（　　　　　　　　）

ふりかえり　　❶がわからないときは、34ページの**1**にもどって確にんしてみよう。

付録の「計算せんもんドリル」⑧〜⑰ もやってみよう!

ぴったり①
準備

3分でまとめ

6 図形の合同と角
① 合同な図形

学習日　　月　　日

教科書 71〜74ページ　　答え 15ページ

✏ 次の◯にあてはまる記号をかきましょう。

ねらい 形も大きさも同じ図形について調べよう。　　練習 ① ③ →

🐾 **合同な図形**

　ぴったり重ねあわせることができる2つの図形は、**合同**であるといいます。

　2つの図形を重ねると、合同かどうか確かめることができます。合同な図形は、形も大きさも同じです。

1 下の図形の中から、合同な図形を2組見つけましょう。

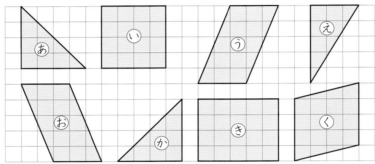

解き方 ぴったり重ねあわせることができるかどうか調べます。

　うら返して重ねあわせることができる2つの図形も合同です。

答え ①□ と ②□ 、 ③□ と ④□

ねらい 重なりあう頂点、辺、角について調べよう。　　練習 ② →

🐾 **対応する頂点、対応する辺、対応する角**

　合同な図形で、重なりあう頂点、辺、角を、それぞれ**対応する頂点、対応する辺、対応する角**といいます。

　合同な図形では、対応する辺の長さや角の大きさは、それぞれ等しくなっています。

2 右の2つの四角形は合同です。

(1) 頂点Aに対応する頂点はどれですか。

(2) 辺ABに対応する辺はどれですか。

(3) 角Dに対応する角はどれですか。

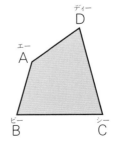
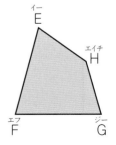

解き方 2つの四角形を重ねあわせて、重なりあう頂点、辺、角を見つけます。

(1) 頂点Aに対応する頂点は、頂点□です。　(2) 辺ABに対応する辺は、辺□です。

(3) 角Dに対応する角は、角□です。

ぴったり2
練習

★ できた問題には、「た」をかこう！★
でき ① でき ② でき ③

学習日
月　　日

教科書 71〜74 ページ　　答え 15 ページ

🔍 よくみて

1 左の❀の三角形と合同な三角形は、どれですか。
　合同な三角形を全部答えましょう。

教科書 71 ページ **1**

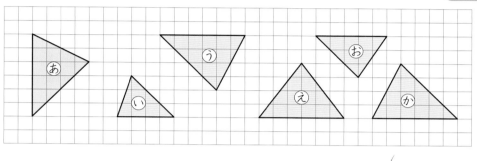

（　　　　　　　　　）

2 下の２つの四角形は合同です。

教科書 73 ページ **2**

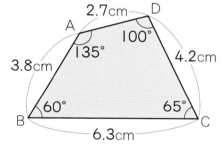
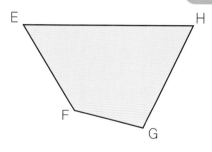

① 四角形ＥＦＧＨの４つの辺の長さは、それぞれ何 cm ですか。

辺ＥＦ（　　　　　　）　　　辺ＦＧ（　　　　　　）

辺ＧＨ（　　　　　　）　　　辺ＨＥ（　　　　　　）

② 四角形ＥＦＧＨの４つの角の大きさは、それぞれ何度ですか。

角Ｅ（　　　　　　）　　　角Ｆ（　　　　　　）

角Ｇ（　　　　　　）　　　角Ｈ（　　　　　　）

3 右の図は、ひし形に２本の対角線をひいたものです。

教科書 74 ページ **3**

① 三角形ＡＢＣと合同な三角形はどれですか。

（　　　　　　　　　）

② 三角形ＡＢＤと合同な三角形はどれですか。

（　　　　　　　　　）

③ 三角形ＡＢＥと合同な三角形はどれですか。
　３つ答えましょう。

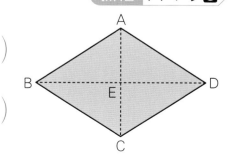

（　　　　　　　　　）

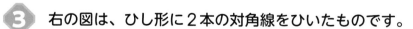

💬 ヒント　　🔹 ❷ ＡとＦ、ＢとＥ、ＣとＨ、ＤとＧが対応しています。

教科書 75〜79 ページ　答え 15 ページ

◎ **ねらい** 合同な図形をかけるようにしよう。

練習 ①②③→

🐾 **合同な三角形のかき方**

合同な三角形をかくには、次の3つのかき方があります。

かき方1

3つの辺の長さをはかる。

かき方2

2つの辺の長さとその間の角の大きさをはかる。

かき方3

1つの辺の長さとその両はしの角の大きさをはかる。

🐾 **合同な四角形のかき方**

合同な三角形のかき方をもとにすれば、合同な四角形をかくことができます。

1 次の三角形と合同な三角形を、辺の長さや角の大きさを使って、下にかきましょう。

(1)

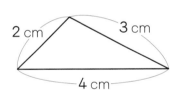

2 cm　3 cm　4 cm

(2)

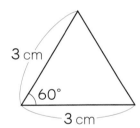

3 cm　60°　3 cm

(3)

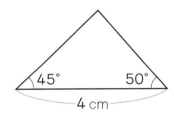

45°　50°　4 cm

解き方 三角形は、3つの頂点の位置がきまればかけます。

コンパスや定規、分度器を使ってかこう。

(1)　　　　　　(2)　　　　　　(3)

教科書 75〜79 ページ　答え 15 ページ

1 次の三角形と合同な三角形をかきましょう。

教科書 75 ページ **1**

①
3 cm　2 cm
4 cm

②
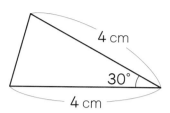
4 cm
30°
4 cm

③
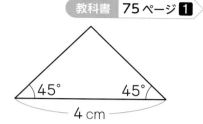
45°　45°
4 cm

2 次の三角形をかきましょう。

教科書 75 ページ **1**

① 3つの辺の長さが2cm、3cm、3cmの三角形

② 2つの辺の長さが3cmと4cmで、その間の角の大きさが75°の三角形

③ 1つの辺の長さが3cmで、その両はしの角の大きさが45°と60°の三角形

3 右の四角形ABCDと合同な四角形をかきます。まず、対角線で2つの三角形に分けて、三角形DBCをかきました。

あと、どこがわかればかけますか。

次の3つの方法があります。□にあてはまる記号をかきましょう。

教科書 79 ページ **2**

かき方1　辺 □ と辺ADの長さがわかればかける。

かき方2　⑦の角と □ の角の大きさがわかればかける。

かき方3　辺ABの長さと □ の角の大きさ、または、

辺 □ の長さと⑦の角の大きさがわかればかける。

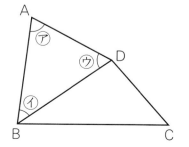

ヒント　**3** 三角形ABDをかくのに、辺BDの長さだけわかっています。

41

✏️ 次の ▢ にあてはまる数をかきましょう。

◎ねらい　三角形の3つの角の大きさの和を調べよう。　　練習 ❶❷→

🐾 三角形の3つの角の和

　三角形の3つの角の大きさの和は、180°です。三角形の3つの大きさの和が180°になることを使えば、三角形の外側にある角の大きさも求められます。

1 右の三角形で、⑦と①の角度は何度ですか。

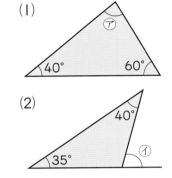

(1)

(2)

解き方 三角形の3つの角の大きさの和は、180°です。

(1)　⑦の角度は、▢°−(40°+60°)=▢°

(2)　①のとなりの角度は、▢°−(35°+40°)=105°

　　　①の角度は、180°−105°=▢°

◎ねらい　四角形の4つの角の大きさの和を調べよう。　　練習 ❸→

🐾 四角形の4つの角の和

　四角形の4つの角の大きさの和は、三角形に分けて考えると求められます。

　四角形の4つの角の大きさの和は、360°です。

2 右の四角形で、⑦の角度は何度ですか。

解き方 四角形の4つの角の大きさの和は360°なので、⑦の角度は、

360°−(①▢°+②▢°+③▢°)=④▢°

◎ねらい　多角形の角の大きさの和について調べよう。　　練習 ❹→

🐾 多角形

　5本の直線でかこまれた図形を**五角形**、6本の直線でかこまれた図形を**六角形**といいます。

　三角形、四角形、五角形、六角形、…のように、直線だけでかこまれた図形を**多角形**といいます。

🐾 多角形の角の大きさの和

　多角形の角の大きさの和も、四角形と同じように、三角形に分けて考えると求められます。

3 右の五角形の5つの角の大きさの和は何度ですか。

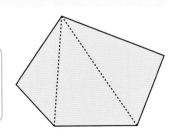

解き方 右の図のように、五角形は ▢ つの三角形に分けられます。

　5つの角の大きさの和は、180°× ▢ = ▢°

教科書 80〜87 ページ　　答え 16 ページ

1 下の三角形で、⑦から⑦の角度はそれぞれ何度ですか。

教科書 81 ページ **1**

①

⑦ 70° 30°

②

55° 25° ⑦

③

⑦ 130° 20°

（　　　　　）　（　　　　　）　（　　　　　）

2 下の三角形で、⑦から⑦の角度はそれぞれ何度ですか。

教科書 82 ページ **1**▶、**2**

①

40° ⑦

②

⑦ 60° 130°

③

⑦ 40°

（　　　　　）　（　　　　　）　（　　　　　）

3 下の四角形で、⑦から⑦の角度はそれぞれ何度ですか。

教科書 83 ページ **3**

①

⑦ 120° 70° 80°

②

⑦ 80° 130° 50°

③

85° 110° ⑦

（　　　　　）　（　　　　　）　（　　　　　）

4　次の多角形は何角形ですか。
　また、角の大きさの和はそれぞれ何度ですか。

教科書 86 ページ **4**

①

②

（　　　　　）角形　　　　　　　　　　　（　　　　　）角形

角の和（　　　　　）　　　　　　　角の和（　　　　　）

ヒント　**2**　③の三角形のように、１つの角が 90° のとき、残りの２つの角の和は 90° なので、90° から１つの角の大きさをひくと、残りの角を求めることができます。

43

ぴったり ③
確かめのテスト

⑥ 図形の合同と角

時間 30分

／100

合格 80点

教科書 71〜89ページ ▷ 答え 16ページ

知識・技能 ／88点

① 次の図形の中から、合同な図形を３組見つけましょう。 （全部できて5点）

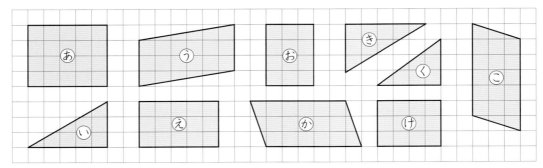

(と) (と) (と)

② 右の２つの四角形は合同です。 各4点(8点)

① 辺ＦＧの長さは何cmですか。

( )

② 角Ｈの大きさは何度ですか。

( )

A 4.5cm D
67°
3.8cm 3cm
103° 100°
B 3cm C

E
H
F G

③ 次の三角形をかきましょう。 各10点(30点)

① ３つの辺の長さが、
すべて４cmの三角形

② ２つの辺の長さが
２cmと３cmで、
その間の角の大きさが70°
の三角形

③ １つの辺の長さが４cmで、
その両はしの角の大きさが
２つとも30°の三角形

4 よく出る　下の三角形で、⑦から⑨の角度はそれぞれ何度ですか。　各5点(15点)

①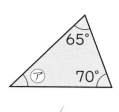

（　　　　　）

②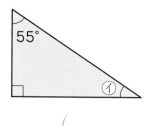

（　　　　　）

③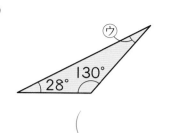

（　　　　　）

5 よく出る　下の三角形で、⑦から⑨の角度はそれぞれ何度ですか。　各5点(15点)

①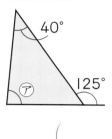

（　　　　　）

②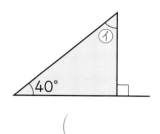

（　　　　　）

③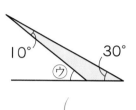

（　　　　　）

6 よく出る　下の四角形で、⑦から⑨の角度はそれぞれ何度ですか。　各5点(15点)

①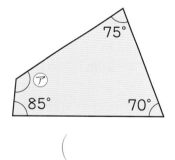

（　　　　　）

②

（　　　　　）

③ できたらスゴイ！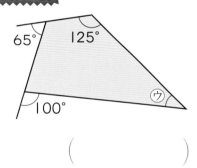

（　　　　　）

思考・判断・表現　　／12点

できたらスゴイ！

7　右の図で、三角形ＡＢＣは、二等辺三角形です。
角Ｃの大きさは何度ですか。　(6点)

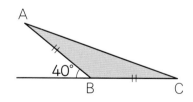

（　　　　　）

8　右の六角形で、⑦の角度は何度ですか。　(6点)

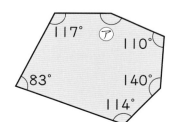

（　　　　　）

ふりかえり　❶がわからないときは、38ページの❶にもどって確にんしてみよう。

この本の終わりにある「夏のチャレンジテスト」をやってみよう！

✎ 次の ◯ にあてはまる数をかきましょう。

◎ねらい　偶数と奇数はどんな数かを知っておこう。　　　練習①→

🐾 偶数と奇数

2 でわったとき、わりきれる整数を**偶数**といい、あまりが 1 になる整数を**奇数**といいます。

偶数と奇数は、次のような式で表すことができます。

偶数…2×□　　奇数…2×□＋1

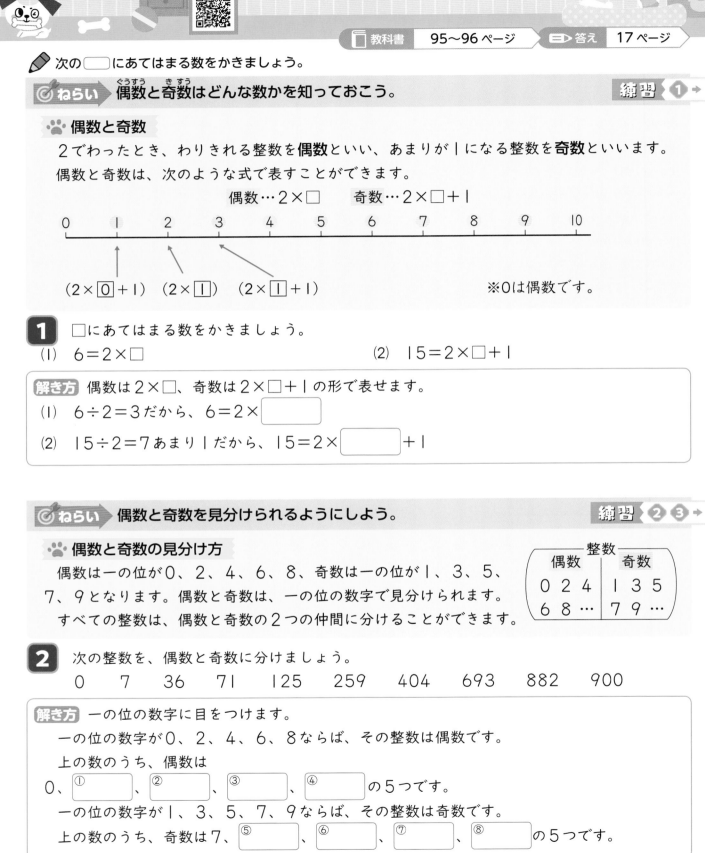

(2×0＋1)　(2×1)　(2×1＋1)　　　※0は偶数です。

1 □にあてはまる数をかきましょう。

(1) 6＝2×□

(2) 15＝2×□＋1

解き方　偶数は 2×□、奇数は 2×□＋1 の形で表せます。

(1) 6÷2＝3だから、6＝2×[　　　]

(2) 15÷2＝7あまり1だから、15＝2×[　　　]＋1

◎ねらい　偶数と奇数を見分けられるようにしよう。　　　練習②③→

🐾 偶数と奇数の見分け方

偶数は一の位が 0、2、4、6、8、奇数は一の位が 1、3、5、7、9 となります。偶数と奇数は、一の位の数字で見分けられます。

すべての整数は、偶数と奇数の 2 つの仲間に分けることができます。

整数	
偶数	奇数
0 2 4	1 3 5
6 8 …	7 9 …

2 次の整数を、偶数と奇数に分けましょう。

0　7　36　71　125　259　404　693　882　900

解き方　一の位の数字に目をつけます。

一の位の数字が 0、2、4、6、8 ならば、その整数は偶数です。

上の数のうち、偶数は

0、①[　　　]、②[　　　]、③[　　　]、④[　　　]の 5 つです。

一の位の数字が 1、3、5、7、9 ならば、その整数は奇数です。

上の数のうち、奇数は 7、⑤[　　　]、⑥[　　　]、⑦[　　　]、⑧[　　　]の 5 つです。

練習

★ できた問題には、「た」をかこう！★

でき① でき② でき③

教科書 95〜96 ページ　答え 18 ページ

1 □ にあてはまる数をかきましょう。

教科書 95 ページ **1**

① $3 = 2 \times \boxed{} + 1$

② $7 = 2 \times \boxed{} + 1$

③ $18 = 2 \times \boxed{}$

④ $26 = 2 \times \boxed{}$

⑤ $35 = 2 \times \boxed{} + 1$

⑥ $43 = 2 \times \boxed{} + 1$

⑦ $101 = 2 \times \boxed{} + 1$

⑧ $310 = 2 \times \boxed{}$

2 次の（　）にあてはまる数字をすべてかきましょう。

教科書 95 ページ **1**

0　1　2　3　4　5　6　7　8　9　10

① 偶数は、一の位の数字が（　　　　　　　　　）になっています。

② 奇数は、一の位の数字が（　　　　　　　　　）になっています。

🔍 よくみて

3 次の整数を、偶数と奇数に分けましょう。

教科書 96 ページ **1**

0　7　8　19　32　69　74　86　93　291　3872　69875

偶数（　　　　　　　　　　　　　　　　　　　　）

奇数（　　　　　　　　　　　　　　　　　　　　）

すべての整数は、偶数か奇数のどちらかになるよ。

ヒント　❸ 69875 のような大きな数でも、一の位の数字だけで、偶数か奇数かに分けることができます。

47

📖 教科書 97～101 ページ　▶答え 18 ページ

✏ 次の◯にあてはまる数をかきましょう。

◎ねらい 倍数の意味を理解し、倍数を求められるようにしよう。　練習 ❶→

🐾 倍数

3、6、9、…のように、3に整数をかけてできる数を3の**倍数**といいます。

0は、倍数に入れないで考えます。

1 60までの整数のうち、8の倍数を全部かきましょう。

解き方 8に1から順に整数をかけます。

$8×1=8$　　　$8×2=16$　　　$8×3=24$　　　$8×4=32$

$8×5=$①◯　　　　　$8×6=$②◯　　　　　$8×7=$③◯

60までの整数のうち、8の倍数は8、16、24、32、④◯、⑤◯、⑥◯です。

◎ねらい 公倍数、最小公倍数の意味を理解し、求められるようにしよう。　練習 ❷❸❹❺→

🐾 公倍数と最小公倍数

6、12、18、…のように、2の倍数にも3の倍数にもなっている数を、2と3の

公倍数といいます。

また、公倍数の中でいちばん小さい数を**最小公倍数**といいます。

2つの数の公倍数は、まず大きい数の倍数をかきだして、その中から小さい数の倍数にもなっ

ている数をさがすと見つけることができます。

〔例〕3と4の公倍数→大きい方の数4の倍数の中から、3の倍数を見つけます。

4の倍数　　　　　　　4、8、⑫、16、20、㉔、…

3の倍数になっている　×　×　○　×　×　○

3つの数の公倍数も、2つの数の公倍数を見つけるときと同じように考えると見つける

ことができます。

2 次の問題に答えましょう。

(1) 6と10の公倍数を小さいほうから順に3つかきましょう。

(2) 6と10の最小公倍数を求めましょう。

解き方 (1) 10の倍数の中から6の倍数を見つけます。

10の倍数を小さいほうから順にかくと、10、20、30、40、50、60、70、80、90、…

この中で6の倍数は、◯、◯、90、…です。

(2) (1)で求めた6と10の公倍数のうちでいちばん小さい数、つまり、

6と10の最小公倍数は◯です。

教科書 97〜101 ページ　答え 18 ページ

1 次の倍数を、それぞれ小さいほうから順に4つずつかきましょう。　教科書 97 ページ **1**

① 4の倍数

② 5の倍数

（　　　　　　　　）

（　　　　　　　　）

③ 12の倍数

④ 14の倍数

（　　　　　　　　）

（　　　　　　　　）

2 （　）の中の2つの数の公倍数を、小さいほうから順に3つかきましょう。

教科書 99 ページ **2**

① （2，5）

② （3，7）

（　　　　　　　　）

（　　　　　　　　）

③ （4，10）

④ （6，12）

（　　　　　　　　）

（　　　　　　　　）

3 （　）の中の2つの数の最小公倍数を求めましょう。　教科書 100 ページ **3**

① （5，8）

② （9，12）

（　　　　　　　　）

（　　　　　　　　）

4 （　）の中の3つの数の最小公倍数を求めましょう。　教科書 101 ページ **4**

① （2，3，5）

② （4，5，6）

（　　　　　　　　）

（　　　　　　　　）

5 たて3cm、横4cmの色板をたてと横にしきつめて正方形をつくります。
いちばん小さい正方形をつくると、正方形の1辺の長さは何cmになりますか。

教科書 99 ページ **2**、100 ページ **3**

（　　　　　　　　）

ヒント
3 大きい数の倍数の中から、小さい数の倍数を見つけます。
5 正方形の1辺の長さは、3と4の公倍数で表されます。

7 整数の性質

③ 約数と公約数

教科書 102〜104 ページ　答え 19 ページ

✏️ 次の □ にあてはまる数をかきましょう。

◎ねらい　約数の意味を理解し、約数を求められるようにしよう。　練習 ❶→

🐾約数

12 をわりきることのできる整数を、12 の**約数**といいます。

┌─ 12 の約数 ─┐
│ 1　2　3　4　6　12 │
└───────────┘

1 16 の約数を全部かきましょう。

解き方 16 を 1、2、3、…で順にわります。

16÷1=16　　　16÷2=①□

16÷3=5.33…　16÷4=②□ …　と調べると、

16 の約数は、小さいほうから順に、1、③□、④□、⑤□、16 の 5 つです。

1 ともとの整数は、かならず約数になるよ。

◎ねらい　公約数、最大公約数の意味を理解し、求められるようにしよう。　練習 ❷❸❹→

🐾公約数と最大公約数

12 の約数にも 16 の約数にもなっている数を、12 と 16 の**公約数**といいます。

※9 と 10 のように、公約数が 1 つだけのときもあります。

また、公約数の中でいちばん大きい数を**最大公約数**といいます。

2 つの数の公約数は、まず小さい数の約数をかきだして、その中から大きい数の約数にもなっている数をさがすと見つけることができます。

12 と 16 の公約数

小さいほうの数 12 の約数の中から、16 の約数を見つけます。

12 の約数　　　　　①、②、3、④、6、12

16 の約数になっている　○　○　×　○　×　×

2 (1)　12 と 18 の公約数を全部かきましょう。

(2)　12 と 18 の最大公約数を求めましょう。

解き方 (1)

```
              0 ① ② ③ 4   ⑥        12
12の約数  ├──┼─┼─┼─┼───┼────────┤
18の約数  ├──┼─┼─┼───┼────┼──────┤
              0 ① ② ③    ⑥    9        18
```

12 の約数は、1、2、①□、②□、6、12 です。

18 の約数は、1、2、③□、④□、9、18 です。

この中で公約数は、1、2、⑤□、⑥□ です。

(2)　12 と 18 の最大公約数は □ です。

ぴったり2
練習

★ できた問題には、「た」をかこう！★
でき ① でき ② でき ③ でき ④

学習日
月 日

教科書 102〜104 ページ 答え 19 ページ

1 次の数の約数を全部かきましょう。

教科書 102 ページ **1**

① 17

② 24

(　　　　　　　　　　)

(　　　　　　　　　　)

③ 28

④ 32

(　　　　　　　　　　)

(　　　　　　　　　　)

2 (　)の中の2つの数の公約数を全部かきましょう。

教科書 104 ページ **3**

① (11, 13)

② (16, 28)

(　　　　　　　　　　)

(　　　　　　　　　　)

③ (12, 30)

④ (9, 36)

(　　　　　　　　　　)

(　　　　　　　　　　)

3 (　)の中の2つの数の最大公約数を求めましょう。

教科書 104 ページ **3**

① (6, 12)

② (12, 15)

(　　　　　　　　　　)

(　　　　　　　　　　)

③ (18, 24)

④ (20, 32)

(　　　　　　　　　　)

(　　　　　　　　　　)

4 えんぴつ36本、けしゴム24個を、何人かの子どもに、あまりが出ないように分けます。できるだけ多くの子どもに同じ数ずつ分けるとすると、何人の子どもに分けられますか。

教科書 103 ページ **2**、104 ページ **3**

(　　　　　　　　　　)

ヒント **4** 36も24も子どもの人数でわりきれるので、36と24の最大公約数を求めます。

❼ 整数の性質

📖教科書 **95〜106ページ** ➡答え **20ページ**

知識・技能 ／82点

① 次の整数を、偶数と奇数に分けましょう。 各3点(6点)

1　6　10　29　85　403　572　967　3814　7352

偶数 （ 　　　　　　　　 ）　奇数 （ 　　　　　　　　 ）

② 次の数のうち、9の倍数はどれですか。 (全部できて6点)

16　27　35　46　54　63　70　81　90　109

（ 　　　　　　　　 ）

③ 次の数の約数を全部かきましょう。 各5点(20点)

① 8

② 13

（ 　　　　 ）　（ 　　　　 ）

③ 36

④ 48

（ 　　　　 ）　（ 　　　　 ）

④ よく出る （ ）の中の2つの数の公倍数を、小さいほうから順に3つかきましょう。 各5点(20点)

① （6，9）

② （3，8）

（ 　　　　 ）　（ 　　　　 ）

③ （1，5）

④ （4，12）

（ 　　　　 ）　（ 　　　　 ）

⑤ よく出る （ ）の中の2つの数の最小公倍数を求めましょう。 各5点(10点)

① （12，18）

② （12，16）

（ 　　　　 ）　（ 　　　　 ）

6 よく出る （　）の中の2つの数の公約数を全部かきましょう。　　各5点（10点）

①　（6，18）

②　（10，40）

（　　　　　　　　　）　　　　　　　　（　　　　　　　　　）

7 よく出る （　）の中の2つの数の最大公約数を求めましょう。　　各5点（10点）

①　（15，20）

②　（56，64）

（　　　　　　　　　）　　　　　　　　（　　　　　　　　　）

思考・判断・表現　　　　　　　　　　　　　　　　　　／18点

8　みかんが30個、かきが18個あります。このみかんとかき両方を、いくつかのかごにそれぞれ同じ数ずつ分けます。

　あまりが出ないように、できるだけ多くのかごに分けるには、いくつのかごに分ければよいですか。　　　　　　　　　　　　　　　　　　　　　　　　　　　　　　　（6点）

（　　　　　　　　　）

でき**たらスゴイ!**

9 よく出る 電車は4分おきに、バスは7分おきに発車します。午前9時に電車とバスが同時に発車しました。　　　　　　　　　　　　　　　　　　　　　　　　各6点（12点）

①　次に同時に発車する時こくは午前何時何分ですか。

（　　　　　　　　　）

②　①のあと、午前11時までに同時に発車することは、何回ありますか。

（　　　　　　　　　）

 ❶がわからないときは、46ページの **2** にもどって確にんしてみよう。

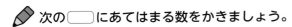

📖 教科書　109〜113ページ　　▶ 答え　21ページ

✏️ 次の◯にあてはまる数をかきましょう。

🎯ねらい　**大きさの等しい分数をつくれるようにしよう。**　　練習❶➡

🐾 **大きさの等しい分数**

　分母と分子に同じ数をかけても、分母と分子を同じ数でわっても、分数の大きさは変わりません。

1 ◯にあてはまる数をかきましょう。

(1) $\dfrac{3}{5} = \dfrac{9}{\boxed{}}$　　　　　　　　　(2) $\dfrac{20}{24} = \dfrac{\boxed{}}{6}$

解き方 (1) 分子が3倍になっているので、分母も $\boxed{}$ 倍して、$\dfrac{3}{5} = \dfrac{3\times3}{5\times3} = \dfrac{9}{\boxed{}}$

(2) 分母を4でわっているので、分子も $\boxed{}$ でわって、$\dfrac{20}{24} = \dfrac{20\div4}{24\div4} = \dfrac{\boxed{}}{6}$

🎯ねらい　**約分ができるようにしよう。**　　練習❷➡

🐾 **約分**

　分母と分子を、それらの公約数でわって、分母が小さい分数にすることを、**約分**するといいます。※約分するときは、ふつう、分母をできるだけ小さくします。

2 $\dfrac{12}{15}$ を約分しましょう。

解き方 12と15を、12と15の最大公約数の $\boxed{}$ でわって、$\dfrac{12}{15} = \dfrac{12\div3}{15\div3} = \boxed{}$

🎯ねらい　**通分ができるようにしよう。**　　練習❸❹❺➡

🐾 **通分**

　分母がちがう分数を、それぞれの大きさを変えないで、分母が同じ分数になおすことを、**通分**するといいます。通分すると、分母がちがう分数の大きさを比べることができます。

　※通分するときには、ふつう、分母が小さくなるように、それぞれの分母の最小公倍数を分母にします。

3 $\dfrac{2}{3}$ と $\dfrac{3}{4}$ を通分しましょう。

解き方 分母を3と4の最小公倍数の $\boxed{}$ にします。　$\dfrac{2}{3} = \dfrac{8}{\boxed{}}$　　$\dfrac{3}{4} = \dfrac{9}{\boxed{}}$

教科書 109〜113 ページ ▶ 答え 21 ページ

1 □ にあてはまる数をかきましょう。　　　　教科書 109 ページ 1

① $\dfrac{2}{9} = \dfrac{\square}{18} = \dfrac{8}{\square}$

② $\dfrac{18}{48} = \dfrac{\square}{24} = \dfrac{6}{\square}$

2 次の分数を約分しましょう。　　　　教科書 111 ページ 2

① $\dfrac{6}{15}$ （　　　　　）

② $\dfrac{18}{21}$ （　　　　　）

③ $\dfrac{16}{28}$ （　　　　　）

④ $\dfrac{12}{36}$ （　　　　　）

⑤ $1\dfrac{6}{10}$ （　　　　　）

⑥ $2\dfrac{15}{24}$ （　　　　　）

3 （　）の中の分数を通分して、大きさを比べましょう。　　　　教科書 112 ページ 3

① $\left(\dfrac{2}{3}, \dfrac{4}{7}\right)$ （　　　　　）

② $\left(\dfrac{4}{5}, \dfrac{5}{6}\right)$ （　　　　　）

③ $\left(\dfrac{2}{3}, \dfrac{2}{5}\right)$ （　　　　　）

通分した分数の大きさは、
それぞれの分数の分子の
大きさで、比べられるよ。

4 （　）の中の分数を通分しましょう。　　　　教科書 113 ページ 4

① $\left(\dfrac{2}{9}, \dfrac{4}{15}\right)$ （　　　　　）

② $\left(\dfrac{3}{2}, \dfrac{5}{8}\right)$ （　　　　　）

③ $\left(\dfrac{3}{8}, \dfrac{5}{6}\right)$ （　　　　　）

④ $\left(\dfrac{5}{12}, \dfrac{5}{18}\right)$ （　　　　　）

5 $\dfrac{3}{4}$、$\dfrac{5}{8}$、$\dfrac{7}{12}$ を通分して、大きさを比べましょう。　　　　教科書 113 ページ 5

（　　　　　　　　　　　　　　　　　）

ヒント　2 ⑤⑥ 帯分数を約分するときには、分数部分だけを約分します。
　　　　3 ③ 帯分数を通分するときには、分数部分の分母をそろえます。

55

教科書 114〜115ページ　答え 21ページ

✏️ 次の ⬚ にあてはまる数をかきましょう。

🎯 ねらい　分母がちがう分数のたし算ができるようにしよう。　練習 ① ②➡

🐾 分母がちがう分数のたし算のしかた

分母がちがう分数のたし算は、通分すると計算できます。

[例] $\dfrac{1}{2}+\dfrac{1}{5}=\dfrac{5}{10}+\dfrac{2}{10}$ （通分する）

$=\dfrac{7}{10}$ （分子の5と2をたす）

$\dfrac{3}{10}+\dfrac{1}{6}=\dfrac{9}{30}+\dfrac{5}{30}$ （通分する）

$=\dfrac{\overset{7}{\cancel{14}}}{\underset{15}{\cancel{30}}}=\dfrac{7}{15}$ （約分する）

1 たし算をしましょう。

(1) $\dfrac{1}{3}+\dfrac{3}{4}$

(2) $\dfrac{1}{2}+\dfrac{1}{6}$

解き方 (1) 通分して、分母を ⬚ にそろえます。

$\dfrac{1}{3}+\dfrac{3}{4}=\dfrac{\boxed{}}{12}+\dfrac{\boxed{}}{12}=\dfrac{13}{12}=1\dfrac{1}{12}$

(2) 通分して、分母を ⬚ にそろえます。

$\dfrac{1}{2}+\dfrac{1}{6}=\dfrac{\boxed{}}{6}+\dfrac{1}{6}=\dfrac{\overset{2}{\cancel{4}}}{\underset{3}{\cancel{6}}}=\dfrac{2}{3}$

答えが約分できるときは、約分するんだよ。

🎯 ねらい　帯分数のたし算ができるようにしよう。　練習 ③➡

🐾 帯分数のたし算のしかた

⭐ しかた1　帯分数を仮分数になおしてから計算する。

⭐ しかた2　帯分数を整数と真分数に分けて計算する。

2 $2\dfrac{1}{3}+1\dfrac{2}{5}$ を2とおりのしかたで計算しましょう。

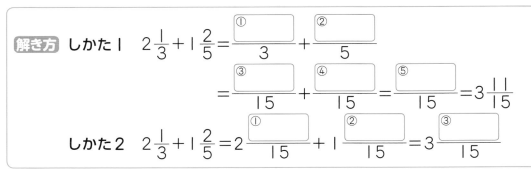

解き方　しかた1　$2\dfrac{1}{3}+1\dfrac{2}{5}=\dfrac{\overset{①}{\boxed{}}}{3}+\dfrac{\overset{②}{\boxed{}}}{5}$

$=\dfrac{\overset{③}{\boxed{}}}{15}+\dfrac{\overset{④}{\boxed{}}}{15}=\dfrac{\overset{⑤}{\boxed{}}}{15}=3\dfrac{11}{15}$

しかた2　$2\dfrac{1}{3}+1\dfrac{2}{5}=2\dfrac{\overset{①}{\boxed{}}}{15}+1\dfrac{\overset{②}{\boxed{}}}{15}=3\dfrac{\overset{③}{\boxed{}}}{15}$

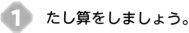
教科書 114〜115 ページ　　答え 22 ページ

1 たし算をしましょう。　　　　　　　　　　　　教科書 114ページ **1**

① $\frac{1}{2} + \frac{1}{7}$　　　　　② $\frac{1}{5} + \frac{1}{8}$　　　　　③ $\frac{2}{9} + \frac{1}{6}$

2 たし算をしましょう。　　　　　　　　　　　　教科書 115ページ **2**

① $\frac{4}{7} + \frac{2}{3}$　　　　　② $\frac{5}{6} + \frac{3}{5}$　　　　　③ $\frac{3}{4} + \frac{4}{9}$

④ $\frac{1}{2} + \frac{7}{8}$　　　　　⑤ $\frac{2}{3} + \frac{5}{6}$　　　　　⑥ $\frac{1}{5} + \frac{3}{10}$

⑦ $\frac{5}{12} + \frac{5}{6}$　　　　⑧ $\frac{1}{3} + \frac{11}{12}$　　　⑨ $\frac{2}{9} + \frac{5}{18}$

3 たし算をしましょう。　　　　　　　　　　　　教科書 115ページ **3**

① $1\frac{1}{2} + 2\frac{1}{3}$　　　② $1\frac{2}{3} + 1\frac{3}{5}$　　　③ $2\frac{3}{4} + 2\frac{1}{6}$

④ $1\frac{7}{10} + 2\frac{5}{6}$　　⑤ $2\frac{1}{4} + \frac{7}{12}$　　　⑥ $1\frac{7}{8} + 1\frac{5}{24}$

答えが約分できるときは、
わすれずにしよう。

ヒント　**2 3** 答えが約分できるときは、必ず約分して答えます。

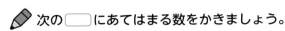 次の □ にあてはまる数をかきましょう。

ねらい 分母がちがう分数のひき算ができるようにしよう。　練習 ① ②➡

分母がちがう分数のひき算のしかた

通分すると計算できます。

$$[例] \quad \frac{2}{3} - \frac{7}{15} = \frac{10}{15} - \frac{7}{15} = \frac{\overset{1}{3}}{\underset{5}{15}} = \frac{1}{5}$$

（通分する）　　　（約分する）

1 ひき算をしましょう。

(1) $\frac{8}{5} - \frac{2}{3}$

(2) $\frac{5}{6} - \frac{1}{3}$

解き方 (1) 分母がちがうので、通分して分母を □ にそろえます。

$$\frac{8}{5} - \frac{2}{3} = \frac{24}{15} - \frac{\boxed{}}{15} = \frac{\boxed{}}{15}$$

(2) 分母がちがうので、通分して分母を □ にそろえます。

$$\frac{5}{6} - \frac{1}{3} = \frac{5}{6} - \frac{\boxed{}}{6} = \frac{\overset{1}{3}}{\underset{2}{6}} = \boxed{}$$

6と3の最小公倍数を
求めるといいね。

ねらい 帯分数のひき算や3つの分数の計算ができるようにしよう。　練習 ③ ④➡

帯分数のひき算のしかた

⭐ **しかた1** 帯分数を仮分数になおしてから計算する。

⭐ **しかた2** 帯分数を整数と真分数に分けて計算する。

3つの分数のたし算とひき算 通分すると計算できます。

2 $3\frac{1}{2} - 1\frac{1}{3}$ を2とおりのしかたで計算しましょう。

解き方 しかた1 $3\frac{1}{2} - 1\frac{1}{3} = \frac{7}{2} - \frac{4}{3} = \frac{\overset{①}{\boxed{}}}{6} - \frac{\overset{②}{\boxed{}}}{6} = \frac{\overset{③}{\boxed{}}}{6} = 2\frac{1}{6}$

しかた2 $3\frac{1}{2} - 1\frac{1}{3} = 3\frac{\overset{④}{\boxed{}}}{6} - 1\frac{\overset{⑤}{\boxed{}}}{6} = 2\frac{\overset{⑥}{\boxed{}}}{6}$

3 $\frac{7}{8} - \frac{1}{2} + \frac{3}{4}$ を計算しましょう。

解き方 通分して、分母を8にそろえます。

$$\frac{7}{8} - \frac{1}{2} + \frac{3}{4} = \frac{7}{8} - \frac{\overset{①}{\boxed{}}}{8} + \frac{\overset{②}{\boxed{}}}{8} = \frac{\overset{③}{\boxed{}}}{8} = \overset{④}{\boxed{}}$$

ぴったり 2
練習

学習日　　　月　　　日

★ できた問題には、「た」をかこう！★
 でき 1 でき 2 でき 3 でき 4

教科書 116〜117 ページ　答え 23 ページ

1 ひき算をしましょう。
教科書 116 ページ **4**

① $\dfrac{1}{2} - \dfrac{2}{7}$

② $\dfrac{2}{3} - \dfrac{1}{5}$

③ $\dfrac{5}{6} - \dfrac{1}{4}$

④ $\dfrac{7}{9} - \dfrac{1}{6}$

⑤ $\dfrac{7}{8} - \dfrac{2}{3}$

⑥ $\dfrac{5}{7} - \dfrac{2}{5}$

2 ひき算をしましょう。
教科書 117 ページ **5**

① $\dfrac{7}{10} - \dfrac{8}{15}$

② $\dfrac{7}{12} - \dfrac{17}{36}$

③ $\dfrac{11}{6} - \dfrac{3}{2}$

3 ひき算をしましょう。
教科書 117 ページ **5**

① $2\dfrac{1}{3} - 1\dfrac{1}{4}$

② $3\dfrac{3}{5} - 1\dfrac{1}{2}$

③ $3\dfrac{1}{5} - 2\dfrac{5}{6}$

④ $2\dfrac{5}{6} - 1\dfrac{7}{18}$

⑤ $2\dfrac{1}{2} - \dfrac{9}{10}$

⑥ $3\dfrac{1}{6} - 1\dfrac{5}{12}$

4 次の計算をしましょう。
教科書 117 ページ **6**

① $\dfrac{1}{2} - \dfrac{1}{3} + \dfrac{1}{4}$

② $\dfrac{3}{4} - \dfrac{1}{2} - \dfrac{1}{5}$

ヒント ❷❸ 答えが約分できるときは、必ず約分して答えます。

⑧ 分数のたし算とひき算

教科書 109〜119 ページ　答え 24 ページ

知識・技能　　　　　　　　　　　　　　　　　　　　　　　／88点

① □ にあてはまる数をかきましょう。　　　　　　　　各2点（8点）

① $\dfrac{5}{8} = \dfrac{\boxed{}}{16} = \dfrac{15}{\boxed{}}$

② $\dfrac{18}{42} = \dfrac{\boxed{}}{14} = \dfrac{3}{\boxed{}}$

② 次の分数を約分しましょう。　　　　　　　　　　　各3点（12点）

① $\dfrac{18}{27}$

② $\dfrac{25}{40}$

$()$ $()$

③ $\dfrac{24}{60}$

④ $\dfrac{32}{72}$

$()$ $()$

③ 次の分数を通分して大きさを比べ、□ にあてはまる不等号をかきましょう。　　各3点（12点）

① $\dfrac{1}{3}$ □ $\dfrac{2}{7}$

② $\dfrac{3}{4}$ □ $\dfrac{5}{6}$

③ $\dfrac{4}{9}$ □ $\dfrac{8}{15}$

④ $\dfrac{5}{16}$ □ $\dfrac{7}{24}$

④ よく出る たし算をしましょう。　　　　　　　　　各4点（16点）

① $\dfrac{3}{7} + \dfrac{1}{3}$

② $\dfrac{5}{8} + \dfrac{1}{6}$

③ $\dfrac{5}{6} + \dfrac{7}{18}$

④ $\dfrac{2}{3} + \dfrac{7}{12}$

5 よく出る ひき算をしましょう。　　　　　　　　　　各4点（16点）

① $\dfrac{8}{9} - \dfrac{5}{8}$

② $\dfrac{6}{5} - \dfrac{3}{7}$

③ $\dfrac{5}{6} - \dfrac{7}{12}$

④ $\dfrac{9}{10} - \dfrac{5}{6}$

6 よく出る 次の計算をしましょう。　　　　　　　　　各4点（16点）

① $1\dfrac{3}{5} + 2\dfrac{2}{3}$

② $2\dfrac{7}{8} + 1\dfrac{11}{24}$

③ $3\dfrac{1}{3} - 1\dfrac{3}{4}$

④ $2\dfrac{3}{20} - 1\dfrac{7}{30}$

7 次の計算をしましょう。　　　　　　　　　　　　各4点（8点）

① $\dfrac{8}{9} - \dfrac{1}{2} + \dfrac{2}{3}$

② $\dfrac{5}{6} + \dfrac{7}{15} - \dfrac{4}{5}$

思考・判断・表現　　　　　　　　　　　　　　　／12点

8 右の分数の計算はまちがっています。
　　計算のまちがいを見つけて、正しい答えになおしましょう。
　　　　　　　　　　　　　　　　　　　　　　　（4点）

$$\dfrac{1}{3} + \dfrac{5}{9} = \dfrac{\overset{1}{6}}{\underset{2}{12}} = \dfrac{1}{2}$$

（　　　　　　　　　）

📖 よくよんで

9 駅から公園までは $1\dfrac{5}{6}$ km あり、駅から図書館までは $1\dfrac{9}{10}$ km あります。

　　駅から公園までと、駅から図書館までとでは、ちがいは何 km ですか。
　　　　　　　　　　　　　　　　　　　　　　　　式・答え 各4点（8点）

式

　　　　　　　　　　　　　　　　　　　　答え（　　　　　　　　　）

 ❶がわからないときは、54 ページの ❶ にもどって確にんしてみよう。

付録の「計算せんもんドリル」 18 〜 32 もやってみよう！

算数ジャンプ

階段をつくる

教科書　120〜121 ページ　答え　25 ページ

下のような、階段をつくることになりました。
階段のつくり方について調べると、次のことがわかりました。

階段をつくるときは、建築のきまりで、階段の寸法について
次のような条件を満たす必要があります。

> 建築のきまり
> 踏面…26 cm 以上
> 蹴上…18 cm 以下

さらに、右の図のように階高が3m 以内ごとに、
踊り場（階段のとちゅうの広い場所）を
つくる必要があります。
　そこで、この条件を満たすようにつくる階段の寸法をきめ、
下の図のように真横から見た図に表しました。

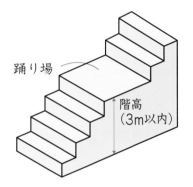

> 　階段の寸法
> 踏面…34 cm
> 蹴上…15 cm
> 踊り場を設ける階高…1m 50 cm

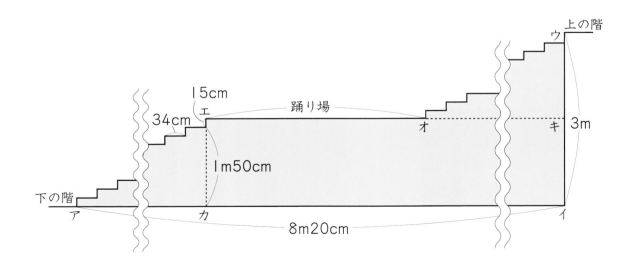

1 この階段の踊り場（エオ）の長さを次のようにして求めましょう。

① 下の階と踊り場の間（アからエまで）に踏面はいくつできますか。

(　　　　　　)

踏面の数は
蹴上の数より
１つ少ないよ。

② アカの長さはどれだけですか。

(　　　　　　)

③ オキの長さはどれだけですか。

(　　　　　　)

④ 踊り場（エオ）の長さはどれだけですか。

(　　　　　　)

2 この階段で、蹴上の高さは変えないで、踏面の長さを変えて踊り場の長さを 3 m 88 cm にすると、建築のきまりを満たすことができるでしょうか。
「満たす」「満たさない」のどちらかを選んで、それを選んだわけを説明しましょう。

(　　　　　　)

(　　　　　　　　　　　　　　　　　　　　　　)

踏面の長さは
26 cm 以上に
なるかな。

3分でまとめ

9 平均

(平均)
(平均を使って)

教科書 125〜128ページ　答え 25ページ

✏ 次の◯◯にあてはまる数をかきましょう。

◎ **ねらい** 平均の意味を理解し、平均を求められるようにしよう。

練習 ① ② ③ →

🐾 **平均**

いくつかの数量を等しい大きさになるようにならした
ものを、それらの数量の**平均**といいます。

平均＝合計÷個数

いろいろな大きさを
そろえて、等しい
大きさにすることを
「ならす」というよ。

1 　1個のオレンジからとれるジュースの量を調べたら、次のようになりました。
オレンジ1個から平均して何mLのジュースがとれたことになりますか。

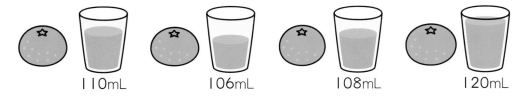

110mL　　106mL　　108mL　　120mL

解き方 4個のオレンジからとれたジュースの量の平均を求めます。

ジュースの量の合計は、110＋106＋①◯◯◯＋②◯◯◯＝444（mL）

平均すると、オレンジ1個からとれるジュースの量は、

444÷③◯◯◯＝④◯◯◯（mL）　　　　　答え　111mL

◎ **ねらい** 平均をつかって、全体の量を求められるようにしよう。

練習 ④ →

🐾 **平均から合計を求める式**

平均の考え方を使うと、全体の量を予想できます。

合計＝平均×個数

2 　右の表は、ゆいさんが6日間に読んだ本の
ページ数を表しています。

これからも同じように読むとすると、15日間
では何ページ本を読むことになりますか。

曜日	月	火	水	木	金	土
読んだページ数（ページ）	19	22	24	21	18	22

解き方 まず、1日に平均何ページ読んだかを求めます。

$(19＋22＋24＋21＋18＋22)÷$①◯◯◯＝21

合計＝②◯◯◯×個数（日数）だから、15日間に読むページ数は、

③◯◯◯×15＝④◯◯◯　　　　答え　315ページ

1日の平均を求めて、
15日間に読む
ページ数を予想するよ。

ぴったり 2
練習

★できた問題には、「た」をかこう！★
でき ① でき ② でき ③ でき ④

学習日　　　月　　　日

教科書 125〜128 ページ ▶ 答え 26 ページ

🔍よくみて

1 下の積み木をならすと、１列に何個ずつ積むことになりますか。

教科書 125 ページ **1**

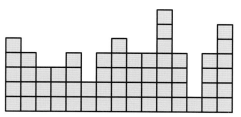

多いところの積み木を
少ないところに動かそう。

（　　　　　　）

2 ５個のりんごの重さをはかったら、下のようになりました。
りんご１個の重さの平均は、何 g ですか。

教科書 126 ページ **1** ▶

280g　　275g　　285g　　265g　　270g

（　　　　　　）

3 下の表は、たけしさんの野球チームの最近６試合の得点を表したものです。
最近６試合では、１試合に平均何点をとったことになりますか。

教科書 127 ページ **2** ▶

6試合の得点

試合	1	2	3	4	5	6
得点(点)	6	2	1	0	4	2

（　　　　　　）

4 下の表は、あきらさんの家で１日に食べた米の量を１週間調べたものです。

食べた米の量（１週間）

教科書 128 ページ **3** ▶

曜日	月	火	水	木	金	土	日
米の量(kg)	1.4	1.7	1.4	1.7	1.6	1.9	1.5

① あきらさんの家では、この週は、１日に平均何 kg の米を食べたことになりますか。

（　　　　　　）

② これからも同じように米を食べるとすると、あきらさんの家では 30 日間に何 kg の米を食べることになりますか。

（　　　　　　）

🐶ヒント　③ ０点の試合もふくめて考えます。

ぴったり③
確かめのテスト

⑨ 平均

時間 30 分
／100
合格 80 点

教科書 125〜130 ページ　答え 26 ページ

知識・技能　　　　　　　　　　　　　　　　　　　　　　　　　　　　／20点

① よく出る 7個のみかんの重さをはかったら、次のようになりました。

| 98g　　102g　　95g　　110g　　100g　　99g　　96g |

みかん1個の重さの平均は、何gですか。　　　　　　　　　　式・答え 各5点(10点)

式

答え（　　　　　　　　）

② よく出る ある週の月曜日から金曜日までの5日間に、なつみさんの学級で保健室を利用した人数を調べたら、下の表のようになりました。この週は、1日に平均何人が保健室を利用したことになりますか。　　　　　　　　　　　　　　　　　　　　式・答え 各5点(10点)

保健室を利用した人数

曜日	月	火	水	木	金
人数(人)	1	3	0	3	2

式

答え（　　　　　　　　）

思考・判断・表現　　　　　　　　　　　　　　　　　　　　　　　　／80点

③ めぐみさんの家では、ある1週間に19.6kgのごみが出ました。
1日に平均で何kgのごみが出ましたか。　　　　　　　　　　式・答え 各5点(10点)

式

答え（　　　　　　　　）

④ 学校の図書室で、先月貸し出した本は、1日平均46.4さつだったそうです。先月の貸し出しをした日数は25日でした。
先月貸し出した本は、全部で何さつですか。　　　　　　　　式・答え 各5点(10点)

式

答え（　　　　　　　　）

5 よく出る 下の表は、ある牧場の牛が、1月から5月までの5か月間に食べたえさの量を表しています。

式・答え 各5点(20点)

牛が食べたえさの量

月	1月	2月	3月	4月	5月
えさの量(kg)	460	470	390	430	400

① 1か月に平均何kgのえさを食べましたか。

式

答え（　　　　　　　）

② これからも同じようにえさを食べるとすると、1年間では、何kgのえさを食べることになりますか。

式

答え（　　　　　　　）

6 下の表は、ゆうまさんのサッカーチームの最近5試合の得点を表したものです。

平均を求めてみると、1.4点でしたが、4試合めの得点がよごれて見えなくなってしまいました。

4試合めの得点は何点ですか。

式・答え 各10点(20点)

最近5試合の得点

試合	1試合め	2試合め	3試合め	4試合め	5試合め
得点(点)	1	0	2		2

式

答え（　　　　　　　）

できたらスゴイ！

7 みくさんの算数のテストの4回めまでの得点は、下の表のとおりです。

式・答え 各5点(20点)

算数のテストの得点

算数のテスト(回)	1	2	3	4	5
得点(点)	84	78	92	80	

① 4回めまでの算数のテストの得点の平均は、何点ですか。

式

答え（　　　　　　　）

② 平均を85点以上にするには、5回めの算数のテストで何点以上とればよいですか。

式

答え（　　　　　　　）

 ❶がわからないときは、64ページの❶にもどって確にんしてみよう。

67

準備

3分でまとめ

10 単位量あたりの大きさ

① 単位量あたりの大きさ

教科書 132〜140 ページ　答え 27 ページ

✏️ 次の ☐ にあてはまる数やことばをかきましょう。

🎯 ねらい　単位量あたりの大きさで比べる方法を理解しよう。

練習 ① ③ ④ ⑤ →

🐾 単位量あたりの大きさ

　こみぐあいは、どちらか一方の量をそろえると、比べられます。「シート1まいあたりの人数」や「1人あたりのシートのまい数」を考えると比べやすくなります。

1m² あたりの人数が多いほうがこんでいるといえるね。
また、1人あたりの面積がせまいほうが、こんでいるといえるね。

1　林間学校のときにとまった部屋の広さと子どもの人数は、右の表のようになっていました。

　A室とB室のこみぐあいを調べましょう。

子どもの人数と部屋の広さ

	人数（人）	たたみの数（まい）
A室	9	15
B室	10	20

解き方　たたみ1まいあたりの人数と、子ども1人あたりの広さの2とおりの方法で調べます。

解き方1　たたみ1まいあたりの人数で比べる。

　　A室は、9÷15＝0.6　　で、0.6人

　　B室は、10÷20＝①☐　で、②☐人

　　たたみ1まいあたりの人数が多いほどこんでいるから、

　　③☐　のほうがこんでいたといえます。

解き方2　1人あたりのたたみのまい数で比べる。

　　A室は、15÷9＝1.66…で、約1.7まい
　　　　　　　　　　⁷
　　└上から2けたのがい数で表そう。

　　B室は、20÷10＝④☐（まい）

　　子ども1人あたりのたたみの数が少ないほどこんでいるから、

　　⑤☐　のほうがこんでいたといえます。

🎯 ねらい　人口密度の求め方を理解しよう。

練習 ② →

🐾 人口密度　　1km² あたりの人口を、**人口密度**といいます。人口密度は、国や都道府県、市区町村などに住んでいる人のこみぐあいを表すときに使います。

人口密度＝人口（人）÷面積（km²）

2　A町の人口は8500人、面積は50km²です。A町の人口密度を求めましょう。

解き方　人口密度＝人口（人）÷面積（km²）　の式にあてはめます。

8500÷☐＝☐
　　　人口　　面積　　人口密度

答え ☐人

📖 教科書 133〜140 ページ　➡ 答え　27 ページ

1 体育館Aと体育館Bで運動している子どもの数と、体育館の面積は、右の表のとおりです。
　どちらの体育館がこんでいるといえますか。

教科書 133 ページ **1**

子どもの数と体育館の面積

	人数（人）	面積（m²）
A	40	540
B	36	450

（　　　　　　　）

2 右の表は、A市とB市の人口と面積を表したものです。それぞれの市の人口密度を求めましょう。

教科書 137 ページ **3**

人口と面積

	人口（人）	面積（km²）
A市	55632	152
B市	35520	96

A市（　　　　　　　）　　B市（　　　　　　　）

3 5本で290円のえんぴつと、12本で660円のえんぴつがあります。
　1本あたりのねだんを比べると、どちらのえんぴつのほうが安いといえますか。

教科書 138 ページ **4**

（　　　　　　　　　　　　　）

4 20Lのガソリンで280km走る自動車があります。
　この自動車は、1Lのガソリンで何km走りますか。

教科書 139 ページ **5**

（　　　　　　　）

5 Aの印刷機は5分で100まい、Bの印刷機は8分で176まい印刷できます。
　たくさん印刷できるのは、どちらの印刷機ですか。

教科書 140 ページ **6**

（　　　　　　　）

● ヒント　⑤ 1分あたりに印刷できるまい数で比べます。

教科書 141〜143 ページ　答え 27 ページ

次の 　 にあてはまる数や記号をかきましょう。

◎ねらい　速さの比べ方がわかるようにしよう。　練習 ❶ ❷ →

🐾 速さの比べ方

　速さは、１m あたりにかかった時間や１分間あたりに走った道のりのように、
単位量あたりの大きさの考え方を使って比べることができます。

1 5分で600 m 走る自転車Aと、6分で900 m 走る自転車Bでは、どちらが速いですか。

解き方　● １分間あたりに走る道のりで比べます。 道のり÷時間で比べる

　自転車A　600÷ [①　　　] ＝120(m) ┐ 道のりが長い
　自転車B　900÷ [②　　　] ＝150(m) ┘ ほうが速い

● １m あたりにかかった時間で比べます。 時間÷道のりで比べる

　自転車A　5÷ [③　　　] ＝0.0083…(分) ┐ 時間が短い
　自転車B　6÷ [④　　　] ＝0.0066…(分) ┘ ほうが速い

単位量あたりで比べよう。
２とおりの考え方があるよ。

　　　　　答え　自転車 [⑤　　　]

◎ねらい　公式を使って、速さが求められるようにしよう。　練習 ❸ →

🐾 速さを求める公式

　速さを単位時間あたりに進む道のりで表すときは、次の式で求めることができます。

速さ＝道のり÷時間

★**時速**…１時間あたりに進む道のりで表した速さ
★**分速**…１分間あたりに進む道のりで表した速さ
★**秒速**…１秒間あたりに進む道のりで表した速さ

2 5時間で360 km 走る電車の時速、分速、秒速を求めましょう。

解き方　時速は、360÷ [①　　　] ＝72(km)
　　　　　　道のり ÷ 時間 ＝ 速さ

　72 km＝ [②　　　] m　これを 60 分間で走るから、

　分速は、72000÷ [③　　　] ＝1200(m)

　　1200 m を 60 秒間で走るから、

　秒速は、1200÷60＝ [④　　　] (m)

　　　　　答え　時速 72 km、分速 1200 m、秒速 [⑤　　　] m

60 倍　　60 倍
時速　分速　秒速
1/60 倍　1/60 倍
の関係があるよ。

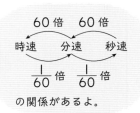

練習

★ できた問題には、「た」をかこう！ ★

😊 でき ① 　😊 でき ② 　😊 でき ③

教科書 141〜143 ページ　答え 28 ページ

1 下の表は、なおこさんとゆうじさんが自転車で走った道のりと時間をまとめたものです。

教科書 141 ページ 1

走った道のりと時間

	道のり(m)	時間(分)
なおこ	1800	12
ゆうじ	1120	7

① なおこさんは、1分間あたりに何 m 走りますか。

（　　　　　　）

② どちらが速いですか。

（　　　　　　）

2 どちらが速いですか。

教科書 142 ページ 1

① 1時間に、56 km 走る電車Aと 73 km 走る電車B

電車（　　　　　　）

② 1 km 歩くのに、12 分かかる人Cと 20 分かかる人D

人（　　　　　　）

③ 5分で4km 走る自動車Eと、12 分で9km 走る自動車F

自動車（　　　　　　）

⚠ まちがい注意

3 次の速さを求めましょう。

教科書 143 ページ 2

① 6時間で 420 km 進む電車の時速

（　　　　　　）

② 3600 m を 20 分間で走る自転車の分速

（　　　　　　）

③ 4 km を 40 分で歩く人の分速

（　　　　　　）

④ 3 km を 10 秒間で飛ぶジェット機の秒速

（　　　　　　）

 ヒント　2 ③ 1分間あたりに走る道のりで比べます。
3 ③④ 単位に注意します。

教科書 144〜146 ページ　答え 28 ページ

✏ 次の□□にあてはまる数や記号をかきましょう。

🎯 **ねらい** 速さと時間から、道のりが求められるようにしよう。　　練習 ①➡

🐾 **道のりを求める**　道のりは、次の式で求めることができます。

道のり＝速さ×時間

1 時速 50 km で走る自動車が、4 時間に走る道のりを求めましょう。

解き方　時速 50 km は、1 時間あたりに ① □ km 進む速さです。

道のり　0　50　　　□（km）
時間　　0　1　　　4（時間）

$50 × ②\square = ③\square$
速さ × 時間 ＝ 道のり

答え ④ □ km

🎯 **ねらい** 道のりと速さから、時間が求められるようにしよう。　　練習 ②➡

🐾 **時間を求める**　時間は、次の式で求めることができます。

時間＝道のり÷速さ

2 次の時間を求めましょう。
(1) 分速 60 m で歩く人が、300 m 歩くのにかかる時間
(2) 秒速 15 m のオートバイが、180 m 進むのにかかる時間

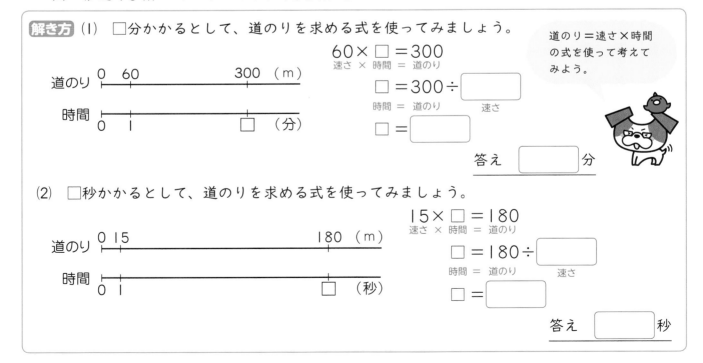

解き方 (1) □分かかるとして、道のりを求める式を使ってみましょう。

道のり＝速さ×時間
の式を使って考えて
みよう。

道のり　0　60　　　300（m）
時間　　0　1　　　□（分）

$60 × \square = 300$
速さ × 時間 ＝ 道のり

$\square = 300 ÷ \square$
時間 ＝ 道のり　速さ

$\square = \square$

答え □ 分

(2) □秒かかるとして、道のりを求める式を使ってみましょう。

道のり　0 15　　　　　180（m）
時間　　0 1　　　　　□（秒）

$15 × \square = 180$
速さ × 時間 ＝ 道のり

$\square = 180 ÷ \square$
時間 ＝ 道のり　速さ

$\square = \square$

答え □ 秒

教科書 144〜145 ページ ▷ 答え 28 ページ

1 次の道のりを求めましょう。

教科書 144 ページ ❸

① 時速 72 km で走る電車が、2 時間に走る道のり
式

答え （　　　　　　　）

② 分速 120 m で走る自転車が、14 分間に走る道のり
式

答え （　　　　　　　）

③ 秒速 8 m で走る馬が、25 秒間に走る道のり
式

答え （　　　　　　　）

! まちがい注意

2 次の時間を求めましょう。

教科書 145 ページ ❹

① 分速 80 m で歩く人が、640 m 進むのにかかる時間
式

答え （　　　　　　　）

② 秒速 25 m で走る電車が、1 km 走るのにかかる時間
式

単位に
気をつけて。

答え （　　　　　　　）

③ 時速 60 km の自動車が、150 km の道のりを走るのにかかる時間
式

答え （　　　　　　　）

④ 秒速 30 m で走るチーターが、750 m 走るのにかかる時間
式

答え （　　　　　　　）

 ヒント
❶ 道のり＝速さ×時間
❷ 時間＝道のり÷速さ

⑩ 単位量あたりの大きさ

教科書 133～148 ページ　答え 29 ページ

知識・技能 ／80点

1 けんじさんとまさおさんの家の畑で、じゃがいものとれた量を調べました。けんじさんの家では、70 m² の畑から 105 kg とれ、まさおさんの家では、90 m² の畑から 126 kg とれました。どちらの家の畑のほうがよくとれたといえますか。 式・答え 各5点(10点)

式

答え（　　　　　　　　　　　）

2 よく出る 2個で 320 円のりんごと、3個で 450 円のりんごがあります。1個あたりのねだんは、どちらのりんごが高いですか。 式・答え 各5点(10点)

式

答え（　　　　　　　　　　　）

3 よく出る 次の速さを求めましょう。 各6点(18点)
① 3時間で 180 km 走る自動車の時速

（　　　　　　　　　　　）

② 8秒で 160 m 走るカンガルーの秒速

（　　　　　　　　　　　）

③ 18分で 4.5 km 走る人の分速

（　　　　　　　　　　　）

4 よく出る ある市の面積はおよそ 52 km² で、人口はおよそ 27000 人です。

この市の人口密度を求めましょう。答えは、四捨五入して、上から 2 けたのがい数で求めましょう。

式・答え 各5点(10点)

式

答え（ 　　　　　 ）

5 5時間で 23.5 m² の道路をほそうできる機械があります。

この機械では、7時間に何 m² ほそうできますか。

(8点)

（ 　　　　　 ）

6 よく出る 次の道のりや時間を求めましょう。

各8点(24点)

① 時速 36 km で走るバスが、3時間に走る道のり

（ 　　　　　 ）

② 秒速 25 m で飛ぶつばめが、800 m 飛ぶのにかかる時間

（ 　　　　　 ）

③ 分速 60 m で歩く人が、3km 進むのにかかる時間

（ 　　　　　 ）

思考・判断・表現 　　　　　　　　　　　　　　　　　　　　／20点

7 右の表は、A町、B町、C町の人口と面積を表したものです。どの町がいちばんこんでいるといえますか。

式・答え 各5点(10点)

式

人口と面積

	人口（人）	面積（km²）
A町	8616	80
B町	6356	56
C町	8251	74

答え（ 　　　　　 ）

8 みきさんは、家から図書館までの 840 m の道のりを歩いて往復しました。往復するのにかかった時間は 26 分でした。

行きを分速 60 m で歩いたとすると、帰りは分速何 m で歩いたことになりますか。

(10点)

（ 　　　　　 ）

 ①がわからないときは、68 ページの **1** にもどって確にんしてみよう。

75

✎ 次の ▢ にあてはまる数をかきましょう。

🎯 **ねらい** 平行四辺形の面積の求め方を考えよう。　練習 ①➡

🐾 **平行四辺形の面積の求め方**

平行四辺形の面積は、切ったり動かしたりして、長方形に形を変えれば求めることができます。

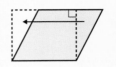

1 右のような平行四辺形の面積を求めましょう。

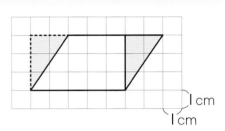

解き方 右の色をぬった部分の直角三角形を、左の点線部分に動かすと、たて 3 cm、横 5 cm の長方形になるから、

面積は、 ▢ × ▢ = ▢

答え 15 cm²

🎯 **ねらい** 平行四辺形の面積が求められるようにしよう。　練習 ②③④➡

🐾 **平行四辺形の面積の公式**

平行四辺形では、1つの辺を底辺とするとき、その辺と、それに平行な辺との間の垂直な直線の長さを高さといいます。

※高さが底辺の上になく、平行四辺形の外にある場合もあります。

平行四辺形の面積は、次の公式で求めることができます。

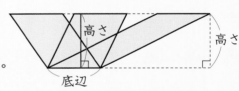

平行四辺形の面積＝底辺×高さ

🐾 **平行四辺形の面積の性質**

どんな形の平行四辺形でも、底辺と高さが等しければ、面積は等しくなります。

2 右のような平行四辺形の面積は何 cm² ですか。

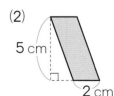

解き方 平行四辺形の面積の公式にあてはめます。

(1)　7× ▢ = ▢ 　　　答え 28 cm²

(2)　2× ▢ = ▢ 　　　答え 10 cm²

3 右の⑦、⑦の平行四辺形の面積を求めましょう。

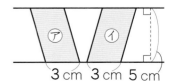

解き方 どちらも、底辺が 3 cm、高さが ▢ cm の平行四辺形だから、3× ▢ = ▢

答え ⑦、⑦とも 15 cm²

ぴったり2
練習

★ できた問題には、「た」をかこう！★
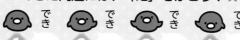
でき 1　でき 2　でき 3　でき 4

教科書 151〜156 ページ　答え 30 ページ

1 右の図のような平行四辺形ABCDがあります。

教科書 151 ページ 1

① 三角形ABEを、三角形DCFに動かして、長方形AEFDにしました。

　長方形AEFDのたてと横の長さは、それぞれ何 cm ですか。

たて （　　　　　　　）　横 （　　　　　　　）

② この平行四辺形ABCDの面積は何 cm² ですか。

（　　　　　　　）

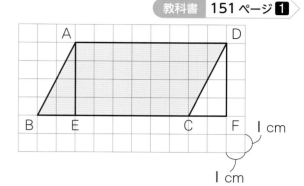

2 次のような平行四辺形の面積は何 cm² ですか。

教科書 153 ページ 2

①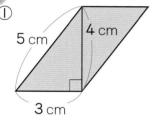

（　　　　　　　）

②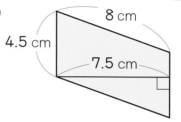

（　　　　　　　）

3 次のような平行四辺形の面積は何 cm² ですか。

教科書 155 ページ 3

①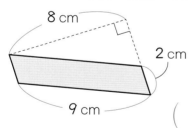

（　　　　　　　）

②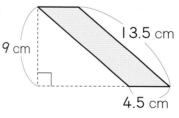

（　　　　　　　）

4 次の㋐の平行四辺形の面積は 22 cm² です。

教科書 156 ページ 4

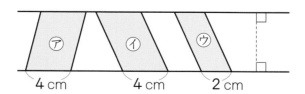

① ㋑の平行四辺形の面積は何 cm² ですか。

（　　　　　　　）

② ㋒の平行四辺形の面積は何 cm² ですか。

（　　　　　　　）

 4 ② ㋒の平行四辺形は、㋐の平行四辺形と高さは同じですが、底辺の長さは半分になっています。

11 図形の面積

② 三角形の面積

教科書 157〜162 ページ　答え 30 ページ

✏️ 次の ☐ にあてはまる数をかきましょう。

🎯 **ねらい** 三角形の面積の求め方を考えよう。　　　　　練習 **1** →

🐾 **三角形の面積の求め方**

三角形の面積は、長方形や平行四辺形に形を変えれば求めることができます。

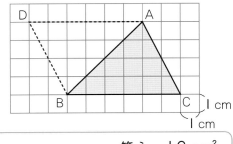

長方形の半分　平行四辺形の半分

1 右のような三角形ABCの面積を求めましょう。

解き方 三角形ABCと合同な三角形BADをあわせると、
底辺 ① ☐ cm、高さ ② ☐ cm の平行四辺形になります。

三角形ABCの面積は、平行四辺形ADBCの面積の
半分だから、6×③ ☐ ÷④ ☐ ＝⑤ ☐

答え 12 cm²

🎯 **ねらい** 三角形の面積が求められるようにしよう。　　練習 **2 3 4** →

🐾 **三角形の面積の公式**

三角形では、1つの辺を**底辺**とするとき、それに向かいあった頂点から底辺に垂直にひいた直線の長さを**高さ**といいます。

※高さが三角形の外にある場合もあります。

三角形の面積は、次の公式で求めることができます。

三角形の面積＝底辺×高さ÷2

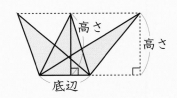

🐾 **三角形の面積の性質**

どんな形の三角形でも、底辺と高さがわかれば、面積を求める公式が使えます。

2 右のような三角形の面積を求めましょう。

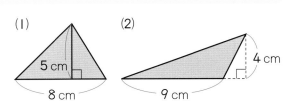

解き方 三角形の面積の公式にあてはめます。
(1) 8× ☐ ÷2＝ ☐　　答え 20 cm²
(2) 9× ☐ ÷2＝ ☐　　答え 18 cm²

3 右の㋐、㋑の三角形の面積を求めましょう。

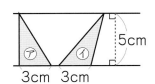

解き方 どちらも、底辺が3cm、高さが ☐ cm の三角形だから、

3× ☐ ÷2＝ ☐　　答え ㋐、㋑とも 7.5 cm²

ぴったり2
練習

★ できた問題には、「た」をかこう！★
でき 1　でき 2　でき 3　でき 4

学習日
月　　日

教科書 157〜162ページ　　答え 30ページ

1 右の図のような三角形ABCがあります。

教科書 157ページ **1**

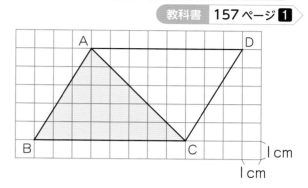

① 三角形ABCと合同な三角形CDAをあわせると、平行四辺形ABCDができます。
　平行四辺形ABCDの底辺の長さと高さは、それぞれ何cmですか。

底辺 (　　　　　　　)　　高さ (　　　　　　　)

② この三角形ABCの面積は何cm²ですか。

(　　　　　　　)

2 次のような三角形の面積は何cm²ですか。

教科書 159ページ **2**

①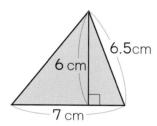

(　　　　　　　)

②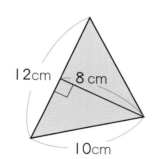

(　　　　　　　)

3 次のような三角形の面積は何cm²ですか。

教科書 161ページ **3**

①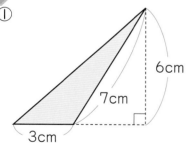

(　　　　　　　)

②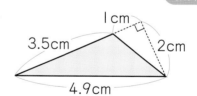

(　　　　　　　)

4 右の⑦の三角形の面積は13cm²です。

教科書 162ページ **4**

① ④の三角形の面積は何cm²ですか。

(　　　　　　　)

② ⑦の三角形の面積は何cm²ですか。

(　　　　　　　)

ヒント　④ ② ⑦の三角形は、⑦の三角形と高さは同じですが、底辺の長さは半分になっています。

79

11 図形の面積

③ いろいろな図形の面積ー(1)

教科書 163〜166 ページ　答え 31 ページ

✏ 次の◯にあてはまる数をかきましょう。

◎ねらい 台形の面積の求め方を考えよう。　練習❶→

🐾 **台形の面積の求め方**

　台形の面積は、三角形に分けたり、平行四辺形に形を変えたりすれば求めることができます。

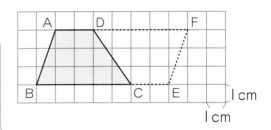

対角線をひいて
2つの三角形に

合同な台形を
2つあわせる

1 右のような台形ABCDの面積を求めましょう。

[解き方] 台形ABCDと合同な台形EFDCをあわせると、

底辺 ①◯ cm、高さ ②◯ cm の平行四辺形になります。

　台形ABCDの面積は、平行四辺形ABEFの面積の半分だから、

7×③◯ ÷2＝④◯　　　　答え　10.5 cm²

◎ねらい 台形の面積が求められるようにしよう。　練習❷→

🐾 **台形の面積の公式**

　台形では、平行な2つの辺の一方を**上底**、もう一方を**下底**といいます。

　また、上底と下底との間の垂直な直線の長さを**高さ**といいます。

　※高さが台形の外にある場合もあります。

　台形の面積は、次の公式で求めることができます。

台形の面積＝（上底＋下底）×高さ÷2

上底

高さ　　高さ

下底

高さ　上底

高さ

下底

2 右のような台形の面積は何 cm² ですか。

[解き方] 台形の面積の公式にあてはめます。

(1) 上底が6cm、下底が◯ cm、高さが6cm
だから、

(6＋14)×◯ ÷2＝◯　　　　答え　60 cm²

(2) 上底が5.8 cm、下底が◯ cm、高さが3cm だから、

(5.8＋4.2)×◯ ÷2＝◯　　　　答え　15 cm²

(1)
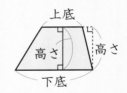
6cm
6cm
14cm

(2)

5.8cm
3cm
4.2cm

教科書 163〜166 ページ　答え 31 ページ

1 右の図のような台形ＡＢＣＤがあります。

教科書 163 ページ **1**

① 台形ＡＢＣＤと合同な台形ＥＦＤＣをあわせると、平行四辺形ＡＢＥＦができます。
平行四辺形ＡＢＥＦの底辺の長さは、台形ＡＢＣＤのどの辺とどの辺の長さの和と等しいですか。

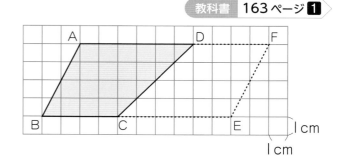

(　　　　　　　　)

② この台形ＡＢＣＤの面積は何 cm² ですか。

(　　　　　　　　)

2 次のような台形の面積は何 cm² ですか。

教科書 165 ページ **2**

①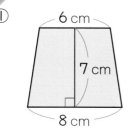
6 cm / 7 cm / 8 cm

(　　　　　　　　)

②
10cm / 10cm / 6 cm

(　　　　　　　　)

③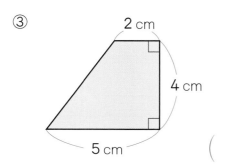
2 cm / 4 cm / 5 cm

(　　　　　　　　)

④
4 cm / 4 cm / 2 cm

(　　　　　　　　)

⑤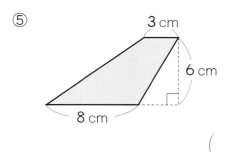
3 cm / 6 cm / 8 cm

(　　　　　　　　)

⑥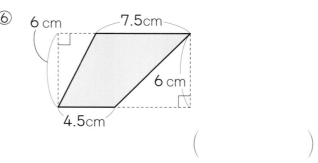
6 cm / 7.5cm / 6 cm / 4.5cm

(　　　　　　　　)

ヒント　**2** 平行な２つの辺の一方が上底、もう一方が下底で、その２つの辺の間の垂直な直線の長さが高さです。まちがえないようにしましょう。

③ いろいろな図形の面積－(2)

教科書 166〜169 ページ　答え 31 ページ

✎ 次の ⬚ にあてはまる数をかきましょう。

◎ねらい　ひし形の面積が求められるようにしよう。　　練習 ① ②→

🐾 ひし形の面積の公式

ひし形の面積は、次の公式で求めることができます。

ひし形の面積＝対角線×対角線÷2

└ ひし形の ┘
2つの対角線

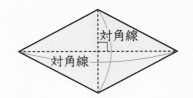

1 右のようなひし形の面積は何 cm² ですか。

解き方　ひし形の面積の公式にあてはめます。

(1)　3×⬚①　÷2＝⬚②　　　　答え　9 cm²

(2)　2つの対角線の長さは、

4.5×2＝⬚①　　　4×2＝⬚②　だから、

9×⬚③　÷2＝⬚④　　　　答え　36 cm²

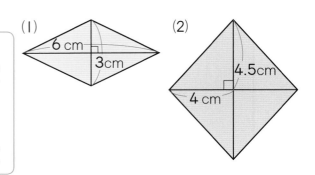

◎ねらい　高さと面積の関係を理解しよう。　　練習 ③→

🐾 高さと面積の関係

底辺の長さがきまっている平行四辺形の面積は、高さに比例します。

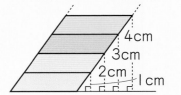

2 右の図のように、底辺が 3 cm の平行四辺形があります。底辺の長さはそのままで、高さだけを変えていきます。

(1)　平行四辺形の高さが2倍、3倍、…になると、面積はどのように変わっていきますか。

(2)　高さを□ cm、面積を△ cm² として、□と△の関係を式に表しましょう。

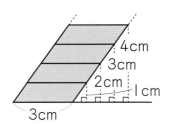

解き方　(1)　表にかいて調べると、右のようになり、

高さが2倍、3倍、…になると、

面積も ⬚ 倍、⬚ 倍、…になります。

	3倍			
	2倍			
高さ(cm)	1	2	3	4	5
面積(cm²)	3	6	9	12	15
	2倍			
	3倍			

(2)　平行四辺形の面積＝底辺×高さだから、

⬚ ×□＝△　となります。

ぴったり2
練習

★ できた問題には、「た」をかこう！★
でき ① でき ② でき ③

学習日
月　　日

教科書 166〜169 ページ ／ 答え 31 ページ

1 右の図のようなひし形ＡＢＣＤがあります。

教科書 166 ページ ③

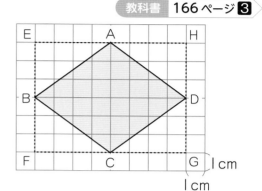

① ４つの頂点を通って対角線に平行な直線をひくと、長方形ＥＦＧＨができます。

このひし形ＡＢＣＤの面積は、長方形ＥＦＧＨのどれだけですか。

（　　　　　　　　）

② このひし形ＡＢＣＤの面積は何 cm² ですか。

（　　　　　　　　）

2 次のようなひし形の面積は何 cm² ですか。

教科書 167 ページ ②

①
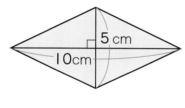

②
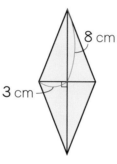

③
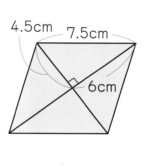

（　　　　　　）　　（　　　　　　）　　（　　　　　　）

3 右の図のように、底辺の長さが６cm の三角形があります。底辺の長さはそのままで、高さだけを変えていきます。

教科書 169 ページ ③

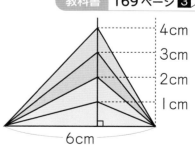

① 三角形の高さが４倍になると、面積は何倍になりますか。

（　　　　　　　　）

② 高さを□ cm、面積を△ cm² として、□と△の関係を式に表しましょう。

（　　　　　　　　）

③ 三角形の高さが７cm のとき、面積は何 cm² になりますか。

（　　　　　　　　）

ヒント　**3** ② 三角形の面積＝底辺×高さ÷2　の式にあてはめます。
表をかいて、表から式を考えてもよいです。

83

ぴったり3
確かめのテスト

⑪ 図形の面積

時間 30 分
／100
合格 80 点

教科書 151～171 ページ ▶ 答え 32 ページ

知識・技能 ／72点

1 よく出る 次のような平行四辺形の面積を求めましょう。 式・答え 各3点(18点)

①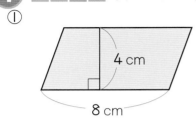
4 cm
8 cm

②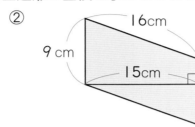
16cm
9 cm
15cm

③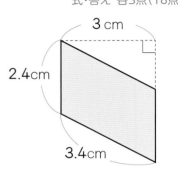
3 cm
2.4cm
3.4cm

式

式

式

答え （　　　　　）　　　答え （　　　　　）　　　答え （　　　　　）

2 よく出る 次のような三角形の面積を求めましょう。 式・答え 各3点(18点)

①
16cm
18cm

②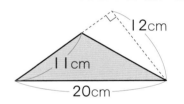
9 cm
8 cm
10cm

③
12cm
11cm
20cm

式

式

式

答え （　　　　　）　　　答え （　　　　　）　　　答え （　　　　　）

3 次のような台形の面積を求めましょう。 式・答え 各3点(18点)

①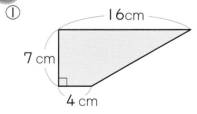
16cm
7 cm
4 cm

②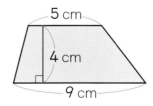
5 cm
4 cm
9 cm

③
6 cm
6 cm
11cm

式

式

式

答え （　　　　　）　　　答え （　　　　　）　　　答え （　　　　　）

④ 次のようなひし形の面積を求めましょう。

式・答え 各3点（18点）

①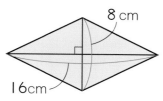

②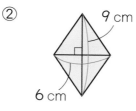

③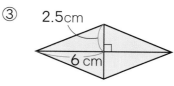

式

式

式

答え（　　　　　　）　答え（　　　　　　）　答え（　　　　　　）

思考・判断・表現　　　　　　／28点

⑤ 次の図で色のついたところの面積を求めましょう。

各6点（12点）

①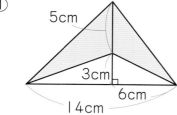

②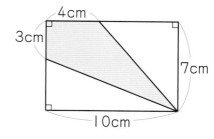

（　　　　　　）　　　　　　　（　　　　　　）

⑥ 右の㋐、㋑、㋒、㋓は平行四辺形です。
色のついたところの面積を求めましょう。

（6点）

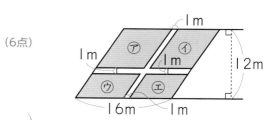

（　　　　　　）

⑦ 底辺が7cmの平行四辺形があります。下の表は、底辺の長さはそのままで、高さを変えていったときの、平行四辺形の高さと面積との関係について調べたものです。

各5点（10点）

高さ（cm）	1	2	3	4	5
面積（cm²）	7	14	21	28	35

① 高さを□cm、面積を△cm²として、□と△の関係を式に表しましょう。

（　　　　　　）

② 面積が84cm²になるのは、高さが何cmのときですか。

（　　　　　　）

 ①がわからないときは、76ページの②にもどって確にんしてみよう。

✏ 次の □ にあてはまる数やことばをかきましょう。

 ねらい 正多角形の意味を理解しよう。　　　　　　　　　　　　練習 ①→

🐾 **正多角形**

辺の長さがみんな等しく、角の大きさもすべて等しい多角形を、**正多角形**といいます。

正三角形　　正方形　　正五角形　　正六角形　　正八角形
　　　　（正四角形）

1 右の図は、何という図形ですか。

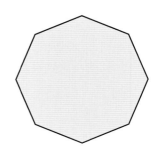

解き方 右の図の形は、① □ つの辺の長さがすべて等しく、

② □ つの角の大きさもすべて等しい ③ □ 角形に

なっています。

　このような形を正 ④ □ 角形といいます。

 ねらい 円を使って正多角形をかく方法を理解しよう。　　　　練習 ②③④→

🐾 **正多角形をかく方法**

　正多角形は、円の中心の角を等分するように半径をかき、円のまわりと交わった点を、直線で順に結ぶと、かくことができます。

正三角形　　正方形　　正五角形　　正六角形　　正八角形

2 半径が3cmの円を使って、右の正六角形をかきました。

(1) ㋐の角度は何度ですか。

(2) 辺ABの長さは何cmですか。

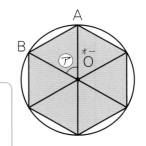

解き方 正六角形は、円の中心のまわりの角を6等分してかきます。

(1) ㋐の角度は、360°÷ □ ＝ □ °です。

(2) 三角形AOBは正三角形ですから、辺ABの長さは、 □ cmです。

ぴったり2
練習

★ できた問題には、「た」をかこう！★
 でき 1　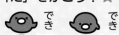 でき 2　でき 3　でき 4

学習日
月　　日

教科書 175〜178 ページ　答え 33 ページ

1 次の図は、それぞれ何という図形ですか。
教科書 175 ページ **1**

①

（　　　　　　）

②

（　　　　　）

③

（　　　　　）

2 円の中心の角を等分する方法で、正五角形をかきました。
教科書 177 ページ **2**

① 等分する１つの角を何度にしてかきましたか。

（　　　　　　）

② 三角形ＡＯＢは、どんな三角形ですか。

（　　　　　　）

③ 角ＡＢＣは何度ですか。

（　　　　　　）

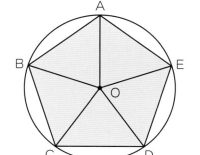

3 円を使って、次の正多角形をかきましょう。
教科書 177 ページ **2**

① 正三角形

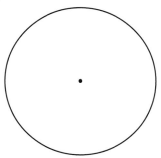

② 正八角形

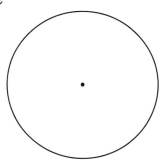

4 右の円は、半径２cm の円です。
この円とコンパスを使って、正六角形をかきましょう。
教科書 178 ページ **3**

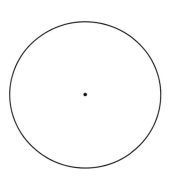

 ❹ 正六角形は、円のまわりを半径の長さで区切った点を直線で順に結んでかく
ことができます。

プログラミング

プログラミングを体験しよう

教科書 179～181 ページ　　答え 34 ページ

　コンピュータに、仕事のやり方をかいたものを
プログラムといい、プログラムをつくることを
プログラミングといいます。

　右のような「正（　）角形をかくプログラム」を
使って、いろいろな正多角形をかくことができま
す。

正（　）角形をかくプログラム

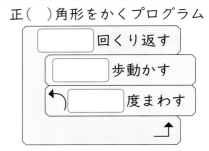

 正三角形

 正方形
（正四角形）

 正五角形

 正六角形

 正八角形

🎯 ねらい 　正多角形をかくプログラムをくふうしてつくろう。

🐾 正多角形をかくプログラムのつくり方

　辺の数からまわす角度をきめると、いろいろな正多角形をかくプログラムをつくることがで
きます。

　例えば、一辺の長さが 50 の正方形をかくプログラムは、下のようになります。

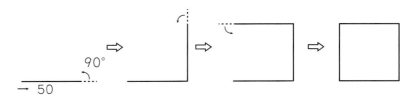

1 　一辺の長さが 50 の正三角形をかくプログラムを
つくります。

　　右の ▢ にあてはまる数をかきましょう。

  まわす角の大きさは圏と𝒾の
どちらにすればいいかな。

2 　一辺の長さが 60 の正六角形をかくプログラムを
つくります。

　　右の ▢ にあてはまる数をかきましょう。

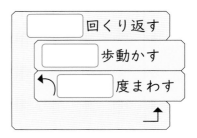

⭐3 正多角形をかくプログラムをつくりました。どんな形になりますか。
〔　〕にあてはまる数や図形の名前をかきましょう。

①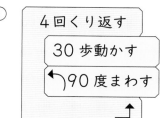
4回くり返す
　30 歩動かす
　↰90 度まわす
　　　↱

一辺の長さが〔　　　〕の〔　　　〕

②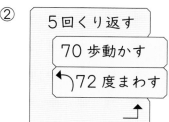
5回くり返す
　70 歩動かす
　↰72 度まわす
　　　↱

一辺の長さが〔　　　〕の〔　　　〕

⭐4 つぎの図のような正多角形は、どんなプログラムをつくると、かくことができますか。
次の〔　〕にあてはまる数をかきましょう。

①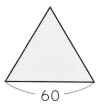
60

〔　　〕回くり返す
　〔　　〕歩動かす
　↰〔　　〕度まわす
　　　↱

②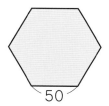
50

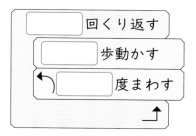
〔　　〕回くり返す
　〔　　〕歩動かす
　↰〔　　〕度まわす
　　　↱

⭐5 正多角形をかくプログラムをつくるときの、辺の数とまわす角度について、表にまとめました。

	正三角形	正方形	正五角形	正六角形
辺の数　　（本）	3	4	5	6
まわす角度（°）	120	90	72	60

① 辺の数とまわす角度の関係を式にかきます。
〔　〕にあてはまる数をかきましょう。

まわす角度＝〔　　　〕÷辺の数

② 正八角形をかくプログラムをつくるとき、まわす角度を求めましょう。

（　　　　　　　　）

② 円周と直径

教科書 182〜187ページ　答え 34ページ

✎ 次の ◯ にあてはまる数をかきましょう。

◎ねらい 円周率を理解して、円周の長さや直径の長さを求められるようにしよう。 練習 ①②③→

🐾 **円周率**　円のまわりを**円周**といいます。円周の長さが直径の長さの何倍になっているかを表す数を、**円周率**といいます。

どんな円でも
円周率は同じだよ。

★円周率＝円周÷直径

円周率は、3.14159…となりますが、ふつう 3.14 を使います。

円周の長さは、次の式で求められます。

★円周＝直径×3.14

★円周＝半径×2×3.14

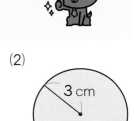

1 右のような円の円周の長さを求めましょう。

(1)　8 cm

(2)　3 cm

解き方 (1)　円周＝直径×3.14 の式にあてはめます。

◯ ×3.14＝ ◯ 　答え ◯ cm

(2)　円周＝半径×2×3.14 の式にあてはめます。

◯ ×2×3.14＝ ◯ 　答え ◯ cm

2 円周の長さが 50.24 cm の円の直径の長さは何 cm ですか。

解き方 直径の長さを□ cm として、円周＝直径×3.14 の式にあてはめます。

□×3.14＝50.24

□＝ ◯ ÷ ◯ 　　□＝ ◯ 　　　答え 16 cm

◎ねらい 直径の長さと円周の長さの関係を理解しよう。 練習 ④→

🐾 **直径の長さと円周の長さの関係**

円周の長さは、直径の長さに**比例**します。

直径の長さを□ cm、円周の長さを△ cm とすると、△＝□×3.14

3 直径の長さを変えていったときの、直径の長さと円周の長さの関係について調べましょう。

解き方

直径(cm)	1	2	3	4	5
円周(cm)	3.14	6.28	9.42	12.56	15.7

直径の長さが 1 cm ずつ長くなると、円周の長さは ◯ cm ずつ長くなります。

直径の長さが 2 倍、3 倍、…になると、円周の長さも ◯ 倍、 ◯ 倍、…になるので、円周の長さは直径の長さに比例します。

教科書 **182〜187ページ**　答え **34ページ**

1 次の円の円周の長さを求めましょう。

教科書 **184ページ 2**

① 直径 8 cm の円

② 直径 12 cm の円

（　　　　　　　）

（　　　　　　　）

③ 半径 7 cm の円

④ 半径 3.5 cm の円

（　　　　　　　）

（　　　　　　　）

2 次の長さを求めましょう。

教科書 **186ページ 3**

① 円周の長さが 47.1 cm の円の直径の長さ

（　　　　　　　）

② 円周の長さが 62.8 cm の円の半径の長さ

（　　　　　　　）

3 運動場にある、木の幹（みき）のまわりの長さをまきじゃくではかったら、約 60 cm ありました。この木の幹の直径は約何 cm ですか。

答えは、上から 2 けたのがい数で求めましょう。

教科書 **186ページ 4**

（　　　　　　　）

4 直径 40 cm の円の円周の長さは、直径 5 cm の円の円周の長さの何倍ですか。

教科書 **187ページ 5**

（　　　　　　　）

ヒント
2 ② 半径の長さを □ cm とすると、□×2×3.14＝62.8 の式がつくれます。
4 円周の長さは、直径の長さに比例します。

ぴったり③
確かめのテスト
⑫ 正多角形と円
時間 30分
/100
合格 80点

教科書 175〜190 ページ 答え 35 ページ

知識・技能 /52点

1 円の中心の角を等分する方法で、右の図の正多角形をかきました。 各4点(12点)

① 右の図は、何という図形ですか。

( )

② ㋐の角度は何度ですか。

( )

③ 三角形AOBは、どんな三角形ですか。

( )

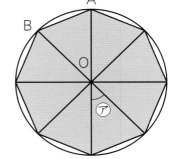

2 円を使って、次の正多角形をかきましょう。 各4点(8点)

① 正五角形

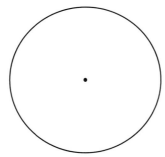

② 正九角形

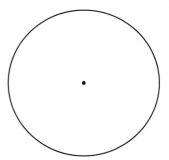

3 よく出る 次の円の円周の長さを求めましょう。 式・答え 各4点(16点)

① 直径 18 cm の円

式

答え ( )

② 半径 12 cm の円

式

答え ( )

4 よく出る 次の長さを求めましょう。 式・答え 各4点(16点)

① 円周の長さが 78.5 cm の円の直径の長さ

式

答え ( )

② 円周の長さが 50.24 cm の円の半径の長さ

式

答え ( )

思考・判断・表現　　　　　　　　　　　　　　　　　　　　　　／48点

5 右の図のような半径5cmの円と直径5cmの円があります。
　　大きい円の円周の長さは、小さい円の円周の長さの何倍ですか。　　式・答え 各4点(8点)

式

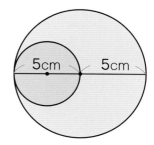

答え（　　　　　　　　）

できたらスゴイ！

6 次の図形のまわりの長さを求めましょう。　　　　　　　式・答え 各5点(20点)

①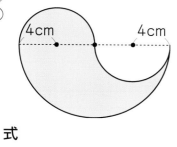

②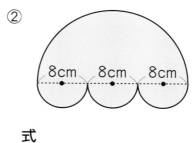

式　　　　　　　　　　　　　　　　　　　　　式

答え（　　　　　　　）　　　　　　　　答え（　　　　　　　）

7 よく出る 家にあったつつの形をしたびんのまわりの長さをまきじゃくではかったら、47.1cmでした。
　　このびんの直径の長さは、何cmですか。　　　　　　　式・答え 各5点(10点)

式

答え（　　　　　　　）

できたらスゴイ！

8 よく出る 車輪の直径が40cmの一輪車があります。まさみさんがこの一輪車に乗って、360mのトラックを1周しました。
　　車輪はおよそ何回転しましたか。
　　答えは、上から2けたのがい数で求めましょう。　　　　式・答え 各5点(10点)

式

答え（　　　　　　　）

 ❶がわからないときは、86ページの❶にもどって確にんしてみよう。

✏️ 次の◻️にあてはまる数をかきましょう。

🎯ねらい　倍を表す数が小数のときでも、倍を使った計算ができるようにしよう。　練習 ①②③④→

🐾 もとにする量が小数のとき
　比べる量をもとにする量でわると、何倍かを求めることができます。

🐾 倍を表す数が小数のとき
　もとにする量に倍を表す数をかけると、何倍かした大きさを求めることができます。
　もとにする量を求めるときは、◻️を使ってかけ算の式に表すと、わかりやすくなります。

1 赤いリボンの長さが 3.2 m、青いリボンの長さが 11.2 m あります。
　青いリボンの長さは、赤いリボンの長さの何倍ですか。

解き方 図に表すと、右のようになります。
　ある大きさがもとにする大きさの何倍にあたるかは、
　　比べる量 ÷ もとにする量
の式で求められます。
　　11.2÷◻️＝◻️

0　　3.2　　　　　　11.2　(m)
長さ ├───┼──────────┤
倍　 ├───┼──────────┤
0　　1　　　　　　　◻️　(倍)

答え　3.5 倍

2 大びんに油が 1.5 L はいっています。同じ油が小びんには大びんの 0.4 倍の量だけはいっています。
　小びんには、何 L の油がはいっていますか。

解き方 図に表すと、右のようになります。
　何倍かにあたる大きさは、
　　もとにする量 × 倍を表す小数
の式で求められます。
　　1.5×◻️＝◻️

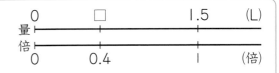

0　　　　◻️　　　　1.5　(L)
量 ├────┼────┼───┤
倍 ├────┼────┼───┤
0　　　0.4　　　1　(倍)

答え　0.6 L

3 ともよさんのお兄さんの体重は 57.6 kg で、お姉さんの体重の 1.2 倍だそうです。
　お姉さんの体重は何 kg ですか。

解き方 図に表すと、右のようになります。
　お姉さんの体重を◻️kg とすると、
　　もとにする量 × 倍を表す小数 ＝ 何倍かにあたる大きさ
の式から、次の式がかけます。
　　◻️×1.2＝57.6
　　◻️＝57.6÷◻️　　◻️＝◻️

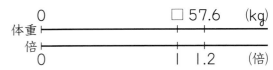

0　　　　　◻️ 57.6　(kg)
体重 ├─────┼─┤
倍　 ├─────┼─┤
0　　　1　1.2　(倍)

答え　48 kg

ぴったり2
練習

★ できた問題には、「た」をかこう！ ★
でき ① でき ② でき ③ でき ④

学習日
月　　　日

教科書 192〜195ページ ▷ 答え 36ページ

1 右の表は、ひできさんが持っているテープの長さを表したものです。　教科書 193ページ **1**

① 青いテープは、白いテープの何倍の長さですか。

(　　　　　　　)

② 赤いテープは、白いテープの何倍の長さですか。

(　　　　　　　)

テープ	長さ(m)
青いテープ	2.4
赤いテープ	0.6
白いテープ	1.5

📖 よくよんで

2 ゆみさんの家から駅までの道のりは 1.5km で、市役所までの道のりは駅までの道のりの 1.8 倍です。また、学校までの道のりは駅までの道のりの 0.4 倍です。　教科書 194ページ **2**

① ゆみさんの家から市役所までの道のりは何 km ですか。

(　　　　　　　)

② ゆみさんの家から学校までの道のりは何 km ですか。

(　　　　　　　)

3 ひろしさんの体重は 33.8kg で、しずかさんの体重の 1.3 倍です。　教科書 195ページ **3**

① しずかさんの体重を□kg として、ひろしさんの体重としずかさんの体重の関係をかけ算の式に表しましょう。

(　　　　　　　)

② しずかさんの体重は何 kg ですか。

(　　　　　　　)

4 さくらさんはテープを 2.1m 使いました。これは残っているテープの 3.5 倍です。
残っているテープは何 m ですか。　教科書 195ページ **3**

(　　　　　　　)

● ヒント ● 　④ 残っているテープの長さを□m として、かけ算の式に表すと、□×3.5＝2.1 となります。

95

⓭ 倍を表す小数

時間 **30**分

／100

合格 **80**点

📖 教科書 192〜195 ページ　　➡️ 答え　37 ページ

知識・技能　　　　　　　　　　　　　　　　　　　　　　　　　　　　／52点

1　□にあてはまる数をかきましょう。　　　　　　　　　各7点(28点)

①　3.9 cm は、2.6 cm の□倍です。

（　　　　　　　　）

②　64 m の 1.8 倍は、□ m です。

（　　　　　　　　）

③　18 L は、□ L の 1.2 倍です。

（　　　　　　　　）

④　28 個は、□個の 0.8 倍です。

（　　　　　　　　）

2　右のような⑦、④、⑨、㋐の4本のテープがあります。
　　　　　　　　　　　　　　　　　　　各8点(24点)

①　④のテープの長さは、⑦のテープの長さの何倍ですか。

（　　　　　　　　）

②　⑨のテープの長さは、⑦のテープの長さの何倍ですか。

（　　　　　　　　）

③　㋐のテープの長さをもとにすると、1.5 倍の長さにあたるテープはどれですか。

（　　　　　　　　）

思考・判断・表現　　　　　　　　　　　　　　　　　　　　　　　　／48点

3　よく出る　はるなさんの家から図書館までの道のりは 2.4 km です。
　また、郵便局までの道のりは 3.84 km です。
　郵便局までの道のりは、図書館までの道のりの何倍ですか。　　式・答え 各4点(8点)

式

答え（　　　　　　　　）

❹ よく出る まさとさんの家では、とうもろこしが去年は 3800 kg、今年は去年の 1.3 倍とれたそうです。

今年は何 kg のとうもろこしがとれましたか。

式·答え 各4点(8点)

式

答え（　　　　　　　　）

❺ 青いテープの長さは、16.8 cm です。

これは赤いテープの長さの 1.4 倍にあたります。

赤いテープの長さは何 cm ですか。

式·答え 各4点(8点)

式

答え（　　　　　　　　）

できたらスゴイ!

❻ Aの水そうの容積は 49.7 m³ です。

これは、Bの水そうの容積の 1.75 倍だそうです。

Bの水そうの容積は何 m³ ですか。

式·答え 各4点(8点)

式

答え（　　　　　　　　）

できたらスゴイ!

❼ 赤い箱におかしが 60 g はいっています。

白い箱には赤い箱の 0.5 倍のおかしがはいっています。

青い箱には赤い箱の 1.3 倍のおかしがはいっています。

式·答え 各4点(16点)

① 白い箱には何 g のおかしがはいっていますか。

式

答え（　　　　　　　　）

② 青い箱には何 g のおかしがはいっていますか。

式

答え（　　　　　　　　）

 **ふりかえり** ❶がわからないときは、94 ページの❶にもどって確にんしてみよう。

97

14 分数と小数、整数

① わり算と分数
② 分数倍

✏️ 次の ⬚ にあてはまることばや数をかきましょう。

◎ねらい わり算の商を分数で表せるようにしよう。　　練習 ①②③→

🐾 **わり算の商と分数**

わり算の商は、分数で表すことができます。

わられる数が分子、わる数が分母になります。

$$\triangle \div \bigcirc = \frac{\triangle}{\bigcirc}$$

1 商を分数で表しましょう。

(1) $4 \div 9$　　　　　　　　　　　　　　(2) $5 \div 3$

解き方 (1) 商を分数で表すときには、わられる数を ⬚ 、

わる数を ⬚ にします。

$$4 \div 9 = \frac{\boxed{}}{9}$$

$4 \div 9 = 0.444…$ と、小数では正確に表せないけど、分数だとすっきり表せるね。

(2) $5 \div 3 = \boxed{} \left(= 1\frac{2}{3} \right)$

◎ねらい 何倍にあたるかを分数で表せるようにしよう。　　練習 ④⑤→

🐾 **分数倍**

$\frac{5}{3}$ 倍や $\frac{2}{3}$ 倍のように、何倍かを表す数が分数になることがあります。$\frac{5}{3}$ 倍というのは、3m を1としてみたとき、5m が $\frac{5}{3}$ にあたることを表します。

2 右の表は、さとしさんが持っている3種類のテープの

長さを表しています。

(1) 青いテープの長さは、赤いテープの長さの何倍ですか。

(2) 白いテープの長さは、青いテープの長さの何倍ですか。

テープ	長さ(m)
赤いテープ	6
青いテープ	7
白いテープ	5

解き方 テープの長さの関係を図に表すと、わかりやすくなります。

(1) 図に表すと、右のようになります。もと

にする大きさは、赤いテープの長さです。

$7 \div 6 = \boxed{} \left(= 1\frac{1}{6} \right)$　　答え $\frac{7}{6}$ 倍

(2) 図に表すと、右のようになります。もと

にする大きさは、青いテープの長さです。

$5 \div 7 = \boxed{}$　　答え $\frac{5}{7}$ 倍

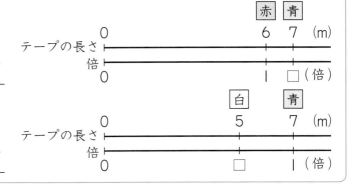

ぴったり2
練習

★できた問題には、「た」をかこう！★
でき ① でき ② でき ③ でき ④ でき ⑤ でき

学習日
月 日

教科書 201〜205 ページ ➡️答え 38 ページ

1 商を分数で表しましょう。
教科書 201 ページ 1

① 2÷3

② 5÷6

③ 4÷11

（　　　　）　（　　　　）　（　　　　）

④ 6÷19

⑤ 8÷7

⑥ 22÷15

（　　　　）　（　　　　）　（　　　　）

2 ▢にあてはまる数をかきましょう。
教科書 202 ページ 2

① $\frac{8}{9}$＝8÷▢

② $\frac{3}{14}$＝▢÷14

3 4L のジュースを7人で等分します。
1人分は何L になりますか。分数で答えましょう。
教科書 201 ページ 1

（　　　　）

4 水がAの水そうに 17L、Bの水そうに 13L はいっています。
Bの水そうにはいっている水の量は、Aの水そうにはいっている水の量の何倍ですか。
分数で答えましょう。
教科書 203 ページ 1

（　　　　）

5 次の問題に分数で答えましょう。
教科書 204 ページ 1
① 25 kg は 21 kg の何倍ですか。

（　　　　）

② 8m は 15m の何倍ですか。

（　　　　）

ヒント 4 5 △は〇の何倍は△÷〇の式になります。

③ 分数と小数、整数

教科書 206〜208 ページ ☰ 答え 38 ページ

✏️ 次の ◯ にあてはまることばや数をかきましょう。

🎯**ねらい** 分数を小数で表せるようにしよう。　　　　　　　　練習 ❶ ❹ →

🐾 **分数を小数で表すしかた**

分数を小数で表すには、分子を分母でわります。

$$\frac{2}{5}=2\div5=0.4 \qquad 1\frac{3}{5}=\frac{8}{5}=8\div5=1.6$$

$$\frac{\triangle}{\bigcirc}=\triangle\div\bigcirc$$

また、分数の中には、$\frac{1}{3}=1\div3=0.3333\cdots$ のように、小数で正確に表せないものもあ

ります。その場合は、四捨五入して上から何けたかのがい数で表すこともあります。

1 次の分数を小数で表しましょう。

わりきれないときは、商は四捨五入して、上から 2 けたのがい数で表しましょう。

(1) $\frac{1}{4}$　　　　　　　(2) $\frac{12}{5}$　　　　　　　(3) $\frac{2}{3}$

解き方 分数を小数で表すときには、^{①}◯ を ^{②}◯ でわります。

(1) $\frac{1}{4}=1\div4=$ ◯　　　　　　(2) $\frac{12}{5}=12\div5=$ ◯

(3) $\frac{2}{3}=2\div3=0.666\cdots$ だから、四捨五入して、◯

🎯**ねらい** 小数や整数を分数で表せるようにしよう。　　　　　練習 ❷ ❸ ❹ →

🐾 **小数や整数を分数で表すしかた**

小数は、10 や 100 などを分母とする分数で表せます。

整数は、1 を分母とする分数や、分子が分母でわりきれる分数で表すことができます。

$$0.9=\frac{9}{10} \qquad 0.53=\frac{53}{100} \qquad 4=\frac{4}{1}=\frac{8}{2}=\frac{12}{3}=\cdots$$

2 次の小数や整数を分数で表しましょう。

(1) 0.31　　　　　　(2) 1.7　　　　　　(3) 6

解き方 (1) $0.01=\frac{1}{100}$ だから、$0.31=$ ◯ ←0.01 の 31 個分

(2) 0.7 は 0.1 の ◯ 個分だから、10 を分母として、$1.7=1$◯

(3) 6 は $6\div1$ と考えると、$6=$ ◯ となります。

分子を分母でわったとき、商が 6 になる分数 $\frac{12}{2}$、$\frac{18}{3}$ などでも表すことができます。

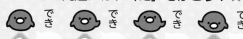
教科書 206〜208 ページ　答え 38 ページ

1 次の分数を小数で表しましょう。
わりきれないときは、商は四捨五入して、上から2けたのがい数で表しましょう。

教科書 206 ページ **2**

① $\frac{1}{2}$ 　　　　② $\frac{5}{8}$ 　　　　③ $1\frac{4}{5}$

（　　　　）　　　（　　　　）　　　（　　　　）

④ $2\frac{3}{4}$ 　　　　⑤ $\frac{2}{7}$ 　　　　⑥ $2\frac{5}{6}$

（　　　　）　　　（　　　　）　　　（　　　　）

2 次の小数を分数で表しましょう。

教科書 207 ページ **3**

① 0.3 　　　　② 0.17 　　　　③ 0.02

（　　　　）　　　（　　　　）　　　（　　　　）

④ 1.6 　　　　⑤ 2.5 　　　　⑥ 1.75

（　　　　）　　　（　　　　）　　　（　　　　）

3 次の整数を、分母が1、2、3の分数で表しましょう。

教科書 208 ページ **4**

① $8 = \dfrac{\boxed{}}{1} = \dfrac{\boxed{}}{2} = \dfrac{\boxed{}}{3}$ 　　② $11 = \dfrac{\boxed{}}{1} = \dfrac{\boxed{}}{2} = \dfrac{\boxed{}}{3}$

4 どちらが大きいですか。□にあてはまる不等号をかきましょう。

教科書 208 ページ **5**

① $\frac{3}{5}$ □ 0.5 　　　　　　　② 0.8 □ $\frac{6}{7}$

③ $2\frac{2}{9}$ □ 2.2

小数を分数になおすか
分数を小数になおして
比べるよ。

ヒント　④ 分数を小数になおすか、小数を分数になおして比べます。
分数にそろえたときは、通分して比べます。

⓮ 分数と小数、整数

教科書 **201〜210ページ** ▶ 答え **39ページ**

知識・技能 ／58点

1 □ にあてはまる数をかきましょう。 各2点(4点)

① $\dfrac{5}{6} = 5 \div \boxed{}$

② $\dfrac{8}{11} = \boxed{} \div 11$

2 商を分数で表しましょう。 各3点(12点)

① $2 \div 9$

② $4 \div 13$

（　　　）

（　　　）

③ $11 \div 7$

④ $17 \div 15$

（　　　）

（　　　）

3 よく出る 次の分数を小数で表しましょう。
わりきれないときは、商は四捨五入して、上から2けたのがい数で表しましょう。 各3点(18点)

① $\dfrac{3}{5}$

② $\dfrac{7}{8}$

③ $\dfrac{9}{20}$

（　　　）

（　　　）

（　　　）

④ $\dfrac{5}{7}$

⑤ $2\dfrac{1}{4}$

⑥ $3\dfrac{2}{3}$

（　　　）

（　　　）

（　　　）

4 よく出る 次の小数を分数で表しましょう。 各3点(18点)

① 0.9

② 0.47

③ 2.3

（　　　）

（　　　）

（　　　）

④ 0.04

⑤ 1.06

⑥ 3.75

（　　　）

（　　　）

（　　　）

5 ☐にあてはまる数をかきましょう。　　各2点（6点）

① $4 = \dfrac{\boxed{}}{1}$

② $7 = \dfrac{\boxed{}}{3}$

③ $9 = \dfrac{45}{\boxed{}}$

思考・判断・表現　　　　　　　　　　　／42点

6 次の数を下の数直線に表しましょう。　　（全部できて6点）

$$0.3 \qquad \dfrac{13}{10} \qquad 1.05 \qquad \dfrac{13}{20} \qquad 1.75$$

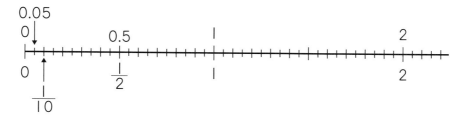

7 どちらが大きいですか。☐にあてはまる不等号をかきましょう。　　各3点（12点）

① $\dfrac{3}{4}$ ☐ 0.7

② 0.8 ☐ $\dfrac{5}{6}$

③ 1.9 ☐ $\dfrac{9}{5}$

④ $2\dfrac{3}{8}$ ☐ 2.38

8 よく出る 次の問題に分数で答えましょう。　　式・答え 各4点（24点）

① 赤いリボンの長さは9ｍで、青いリボンの長さは5ｍです。
　青いリボンの長さは、赤いリボンの長さの何倍ですか。

　式

　　　　　　　　　　　　　　　　答え（　　　　　　　　）

② Ａの花だんの面積は25㎡、Ｂの花だんの面積は36㎡です。
　Ａの花だんの面積は、Ｂの花だんの面積の何倍ですか。

　式

　　　　　　　　　　　　　　　　答え（　　　　　　　　）

③ 水がＡの水そうには15Ｌ、Ｂの水そうには7Ｌはいっています。
　Ｂの水そうにはいっている水の量は、Ａの水そうにはいっている水の量の何倍ですか。

　式

　　　　　　　　　　　　　　　　答え（　　　　　　　　）

ふりかえり ❶がわからないときは、98ページの❶にもどって確にんしてみよう。

15 割合

① **割合と百分率**

教科書 213〜218ページ　答え 41 ページ

✎ 次の◯にあてはまる数をかきましょう。

◎**ねらい** 割合の意味を理解しよう。　　　　　練習 ①→

🐾**割合**

もとにする量を｜としてみたとき、比べる量がもとにする量の何倍にあたるかを表した数を、**割合**といいます。

割合は、次の式で求められます。

割合＝比べる量÷もとにする量

1 バスケットボールの試合で、25回シュートして、15回はいりました。

シュートした数をもとにした、はいった数の割合を求めましょう。

解き方 割合＝比べる量÷もとにする量

にあてはめて求めます。

比べる量は15回で、もとにする量は

25回だから、割合は、

◯÷◯＝◯　　　答え 0.6

```
            比べる量  もとにする量
      0        15      25（回）
回数 ├─────────┼───────┤
割合 ├─────────┼───────┤
      0         □       1
```

◎**ねらい** 割合を表す方法を理解しよう。　　　練習 ② ③ ④ ⑤ ⑥→

🐾**百分率**

割合を表す 0.01 を｜**パーセント**ともいい、｜**%** とかきます。

パーセントで表した割合を**百分率**といいます。

🐾**歩合**

割合を表す 0.1 を｜**割**ということもあります。

このように表した割合を**歩合**といいます。

```
0.01 は    1%
0.1  は   10%
1    は  100%
```

2 次の小数や整数で表した割合を百分率で表しましょう。

(1) 0.06　　　　　　　　　　　　　　(2) 4

解き方 (1) 割合を表す◯が｜% だから、0.06 は◯% となります。

(2) 割合を表す｜は百分率で表すと 100% だから、4 は◯% となります。

3 次の百分率で表した割合を小数で表しましょう。

(1) 35%　　　　　　　　　　　　　　(2) 120%

解き方 (1) ｜% が 0.01 だから、35% は◯となります。

(2) 100% が｜だから、120% は◯となります。

ぴったり 2
練習

★ できた問題には、「た」をかこう！★
 でき ① でき ②  でき ③ でき ④ でき ⑤ でき ⑥

学習日　　　　月　　　日

教科書 213〜218 ページ 　答え 41 ページ

1 定員が 200 人のイルカショーに、1 回めは 140 人、2 回めは 268 人の入場者がありました。

定員をもとにした、それぞれの回の入場者数の割合を求めましょう。　教科書 215ページ 2

① 1 回め

（　　　　　　　）

② 2 回め

（　　　　　　　）

2 次の小数や整数で表した割合を百分率で表しましょう。　教科書 216ページ 2

① 0.03 （　　　　　）　② 0.72 （　　　　　）

③ 1.8 （　　　　　）　④ 5 （　　　　　）

3 次の百分率で表した割合を小数で表しましょう。　教科書 216ページ 2

① 34 % （　　　　　）　② 8 % （　　　　　）

③ 150 % （　　　　　）　④ 46.5 % （　　　　　）

4 次の小数で表した割合を歩合で表しましょう。　教科書 217ページ 4

① 0.6 （　　　　　）　② 1.2 （　　　　　）

5 ひできさんはおこづかい 800 円のうち、360 円で本を買いました。
この本の代金はおこづかいの何 % にあたりますか。　教科書 216ページ 3

（　　　　　　　）

6 定価 4500 円の時計が 3600 円で売られています。
この時計は定価の何割で売られていますか。　教科書 217ページ 4

（　　　　　　　）

ヒント　⑤⑥ まず、小数で割合を求めてから、百分率や歩合で表します。

105

② **割合を使う問題－(1)**

教科書 219〜220ページ　答え 42ページ

✏️ 次の◯◯にあてはまる数をかきましょう。

◎ **ねらい** 比べる量を求められるようにしよう。　　練習 ①②③→

🐾 **比べる量を求める式**

もとにする量と割合がわかっているとき、比べる量は、次の式で求めることができます。

比べる量＝もとにする量×割合

1 あるミックスジュースには、牛乳が 55 % ふくまれています。

このミックスジュース 30 dL には、牛乳は何 dL ふくまれていますか。

解き方 比べる量を求める問題です。

もとにする量は、ミックスジュースの量の 30 dL です。

牛乳の量（比べる量）は、ミックスジュースの量の 55 % なので、もとにする量の ◯◯ 倍になります。

$$30 × \boxed{} = \boxed{}$$

もとにする量　割合

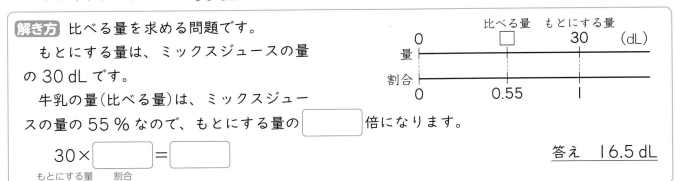

答え　16.5 dL

◎ **ねらい** もとにする量を求められるようにしよう。　　練習 ④⑤→

🐾 **もとにする量を求める式**

比べる量と割合がわかっているとき、もとにする量は、次の式で求めることができます。

もとにする量＝比べる量÷割合

2 みくさんは、今月 650 円の本を買いました。これは、先月買った図かんのねだんの 26 % です。

先月買った図かんのねだんは何円ですか。

解き方 もとにする量を求める問題です。

比べる量は、本の代金の 650 円です。

図かんのねだん（もとにする量）を□円として、式に表してみましょう。

割合の 26 % を小数になおすと、◯◯ だから、比べる量を求める式にあてはめて、

　　□×0.26＝650

□（もとにする量）は、次の式で求められます。

　　□＝650÷◯◯　　□＝◯◯

比べる量　　割合

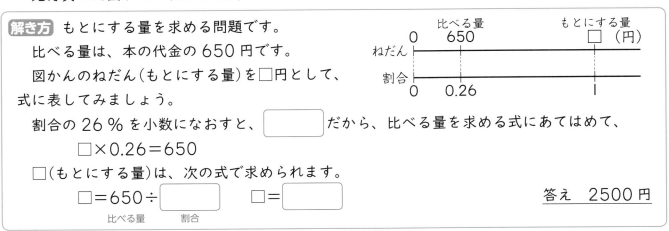

答え　2500 円

教科書 219〜220 ページ　答え 42 ページ

1 次の問題に答えましょう。

教科書 219 ページ **1**

① 800 g の 75 % は、何 g ですか。

（　　　　　　　）

② 480 円の 150 % は、何円ですか。

（　　　　　　　）

2 600 m² の畑があります。そのうちの 45 % の草とりが終わりました。
草とりが終わった畑の面積は何 m² ですか。

教科書 219 ページ **1**▶

（　　　　　　　）

3 あるお店の 1 日の売り上げ 80 万円のうち、25 % が肉売り場の売り上げでした。
肉売り場の 1 日の売り上げは何円でしたか。

教科書 219 ページ **1**▶

（　　　　　　　）

4 □ にあてはまる数を求めましょう。

教科書 220 ページ **2**

① □ 個の 30 % は、135 個です。

② □ 人の 140 % は、700 人です。

5 さとしさんの算数のテストの点数は、目標にしていた点数の 120 % で、96 点でした。
目標にしていた点数は何点でしたか。

教科書 220 ページ **4**▶

（　　　　　　　）

ヒント　**4** ① 比べる量を求める式で表すと、□×0.3＝135 となります。
② 比べる量を求める式で表すと、□×1.4＝700 となります。

✎ 次の ☐ にあてはまる数をかきましょう。

◎ねらい　〜％引き、〜割引きの意味を理解しよう。

練習 ① ② ④ →

20％引きのねだんは、次の2とおりの方法で求めることができます。

20％のねだんを求めて、もとのねだんからひきます。

80％のねだんを求めます。

〔例〕1200円のスニーカーの20％引きの代金

解き方1　1200円の20％は、1200×0.2＝240(円)です。
　　　　　スニーカーの代金は、1200−240＝960(円)になります。

解き方2　20％引きは、全体の(1−0.2＝)0.8 にあたります。
　　　　　スニーカーの代金は、1200×0.8＝960(円)になります。

1 2000円のプラモデルを30％引きで買いました。プラモデルの代金は何円ですか。

解き方　上の2とおりの解き方で求めます。

解き方1　2000円の30％は、2000×☐＝600(円)です。
　　　　　プラモデルの代金は、2000−600＝☐(円)です。

解き方2　30％引きは、全体の(1−0.3＝)0.7 にあたります。
　　　　　プラモデルの代金は、2000×0.7＝☐(円)です。

2とおりの
考え方が
あるよ。

答え　1400円

◎ねらい　〜％増し、〜割増しの意味を理解しよう。

練習 ③ →

〔例〕中身の重さが500gのさとうを、30％増量したときの重さ

解き方1　500gの30％は、500×0.3＝150(g)です。
　　　　　さとうの重さは、500＋150＝650(g)になります。

解き方2　30％増しは、全体の(1＋0.3＝)1.3 にあたります。
　　　　　さとうの重さは、500×1.3＝650(g)になります。

2 中身の重さが150gのチョコレートが、2割増量して売られています。
チョコレートの重さは何gですか。

解き方　上の2とおりの解き方で求めます。

解き方1　150gの2割は、150×☐＝30(g)です。
　　　　　チョコレートの重さは、150＋30＝☐(g)です。

解き方2　2割増しは、全体の(1＋0.2＝)1.2 にあたります。
　　　　　チョコレートの重さは、150×1.2＝☐(g)です。

答え　180g

教科書 221〜223 ページ｜答え 43 ページ

1 さなえさんは、定価 3000 円の洋服を、25 % 引きで買いました。｜教科書 221 ページ **3**

① 3000 円の 25 % が何円になるかを考えて、洋服の代金を求めましょう。

式

答え （　　　　　　　　）

② 全体を 1 とするとき、25 % 引きがいくつにあたるかを考えて、洋服の代金を求めましょう。

式

答え （　　　　　　　　）

2 定価 15 万円のエアコンが、2 割引きで売られています。｜教科書 221 ページ **3**

① 15 万円の 2 割が何円になるかを考えて、エアコンの代金を求めましょう。

式

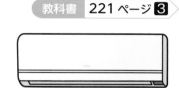

答え （　　　　　　　　）

② 全体を 1 とするとき、2 割引きがいくつにあたるかを考えて、エアコンの代金を求めましょう。

式

答え （　　　　　　　　）

3 中身の重さが 800 g のお茶が、15 % 増量して売られています。｜教科書 223 ページ **6**

① もとのお茶の重さを 1 とするとき、売られているお茶の重さはいくつにあたりますか。

（　　　　　　　　）

② 売られているお茶の重さは何 g ですか。

（　　　　　　　　）

よくよんで

4 20 % 引きのセールをしている店で、ぼうしを買うと 600 円でした。もとのねだんは何円ですか。｜教科書 223 ページ **5**

式

答え （　　　　　　　　）

ヒント ① 25 % を小数で表すと 0.25 です。
② 2 割を小数で表すと 0.2 です。

時間 **30** 分

／100

合格 **80** 点

教科書 213〜225 ページ　答え 44 ページ

知識・技能 ／52点

1 よく出る 次の小数や整数で表した割合を百分率で表しましょう。 各4点(12点)

① 0.12　　　　　　② 1.6　　　　　　③ 7

（　　　　　　　）　　（　　　　　　　）　　（　　　　　　　）

2 よく出る 次の百分率で表した割合を小数で表しましょう。 各4点(12点)

① 3%　　　　　　② 90%　　　　　　③ 106%

（　　　　　　　）　　（　　　　　　　）　　（　　　　　　　）

3 次の ☐ にあてはまる数をかきましょう。 各5点(20点)

① 15cm は、50cm の ☐ % です。

② 300g の 65% は、☐ g です。

③ ☐ L の 150% は、12L です。

④ 4500円の 3割引きは、☐ 円です。

4 同じ割合を、百分率や歩合で表しています。
下の表を完成させましょう。 (8点)

割　合		0.5		1
百分率	30%			
歩　合			8割	

思考・判断・表現 ／48点

5 250g の食塩水があります。
この中には、食塩が 30g とけています。
とけている食塩の重さは、食塩水全体の何% ですか。 式・答え 各4点(8点)

式

答え （　　　　　　　）

110

6 よく出る ある店の開店祝いで、どの品物ももとのねだんの25％引きで売られています。

式・答え 各4点(16点)

① 600円の品物は何円で買えますか。

式

答え（　　　　　　　）

② 1500円で買った品物のもとのねだんは何円ですか。

式

答え（　　　　　　　）

7 つとむさんの体重は、去年の4月は35kgでしたが、今年の4月は、その10％だけ増えました。

今年の4月の体重は、何kgですか。

式・答え 各4点(8点)

式

答え（　　　　　　　）

8 ゆうやさんの学校では、今日36人の児童が欠席しました。これは学年全体の児童数の8％にあたります。

学年全体の児童数は何人ですか。

式・答え 各4点(8点)

式

答え（　　　　　　　）

できたらスゴイ！

9 定価5200円のかばんを、1200円引きで売っているA店と、2割引きで売っているB店と、定価の70％で売っているC店があります。

どの店で買うと、いちばん安く買えますか。

式・答え 各4点(8点)

式

答え（　　　　　　　）

 ❶がわからないときは、104ページの❷にもどって確にんしてみよう。

⑯ 帯グラフと円グラフ

教科書 229〜238 ページ　答え 45 ページ

✏️ 次の◯◯にあてはまる数やことばをかきましょう。

◎ねらい 帯グラフや円グラフについて理解しよう。　　練習 ①➡

- 帯グラフ　細長い長方形で全体を表し、全体を各部分の割合に応じて区切ったグラフ
- 円グラフ　円で全体を表し、全体を各部分の割合に応じて半径で区切ったグラフ

1 下の帯グラフで、福し費の割合は、教育費の割合の何倍ですか。

ある町で昨年使ったお金の使いみち別の割合

福し費	土木費	教育費	衛生費	その他

```
0   10  20  30  40  50  60  70  80  90  100(%)
```

解き方 グラフから、福し費は ◯◯ ％ で、教育費は 13 ％ です。

◯◯ ÷13＝2 だから、福し費の割合は教育費の割合の ◯◯ 倍です。

◎ねらい 帯グラフや円グラフがかけるようにしよう。　　練習 ② ③➡

🐾 帯グラフや円グラフのかき方

❶ 各部分の割合を百分率で求める。

　合計が 100 ％ にならないときは、割合のいちばん大きい部分か「その他」で、1 ％ 増やしたり、減らしたりして、100 ％ になるようにする。

❷ 100 等分しためもりのグラフ用紙を使って、百分率の大きいものから順に区切っていく。

❸ 帯グラフでは、ふつう左から、また円グラフでは、ふつういちばん上からはじめて時計まわりに、百分率の大きいものから順にかいていく。ただし、「その他」は、最後にかく。

❹ 表題をかく。

2 次の表を完成して、円グラフに表しましょう。

解き方 水泳やその他はわりきれないので、小数第二位までのがい数にして、それを百分率で表します。

　いちばん上からはじめて時計まわりに、百分率の大きいものから順にかいていきます。

5年生の好きなスポーツ

スポーツ	人数(人)	割合(%)
サッカー	54	45
野球	42	35
水泳	14	①
その他	10	②
合計	120	100

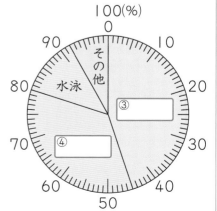

5年生の好きなスポーツの割合

教科書 229～238 ページ 　答え 45 ページ

1 右の円グラフは、ある農家の農業収入の割合を表したものです。

教科書 231 ページ 2

① 米による収入は、全体の何 % ですか。

（　　　　　　）

② 畜産による収入は、全体の約何分の一になりますか。

（　　　　　　）

農業収入の割合

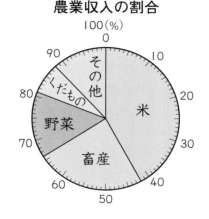

2 しげるさんの学校で、けがをした人について、けがをした場所別の人数を調べたら、右のようになりました。

教科書 232 ページ 3

① それぞれの割合を百分率で求めて、右の表にかきましょう。

② 右の表を、帯グラフに表しましょう。

けがをした場所別の人数

場所	人数（人）	割合（%）
校庭	33	
体育館	20	
ろう下	11	
教室	6	
その他	10	
合計	80	100

けがをした場所別の人数の割合

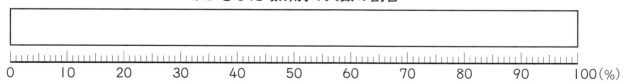

0　　10　　20　　30　　40　　50　　60　　70　　80　　90　　100(%)

3 下の表は、あるCDショップの売り上げを表したものです。

教科書 233 ページ 1

① それぞれの割合を百分率で求めて、下の表にかきましょう。

② ①の結果を、右の円グラフに表しましょう。

CDの売り上げまい数

種類	売り上げ（まい）	割合（%）
洋楽	1650	
邦楽	689	
アニメ	125	
その他	36	
合計	2500	100

CDの売り上げまい数の割合

わりきれないときは、四捨五入してがい数にしよう。

 2 割合の合計は必ず100％になるようにします。
割合の合計が99％や101％になったときは調整が必要です。

⓰ 帯グラフと円グラフ

時間 ⓺ 分

／100

合格 ⓼ 点

📖 教科書 229〜240 ページ　⬅ 答え 45 ページ

知識・技能

／80点

1 よく出る 右の円グラフは、ひろしさんの村の土地がどのように利用されているのかを、面積の割合で表したものです。　　　　式・答え 各8点(48点)

① 田の面積の割合は、全体の何 % ですか。

（　　　　　　　　）

② 畑の面積の割合は、全体の何 % ですか。

（　　　　　　　　）

③ 村の土地の面積は、全体で 30 km² です。
　田の面積は何 km² ですか。

式

答え（　　　　　　　　）

④ 山林の面積は、畑の約何倍ですか。
　答えは四捨五入して、$\frac{1}{10}$ の位までのがい数で求めましょう。

式

答え（　　　　　　　　）

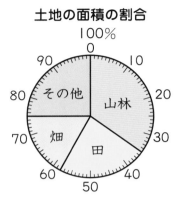

土地の面積の割合

2　下の表は、りこさんの学校で、１か月間に欠席した人の欠席した理由とその人数を調べたものです。

割合を求めて表にまとめ、帯グラフをかきましょう。　　　　割合・帯グラフ 各8点(16点)

欠席の理由とその人数

欠席の理由	かぜ	頭つう	はらいた	けが	その他	合計
人数（人）	90	40	30	16	24	200
割合（%）						100

0　　10　　20　　30　　40　　50　　60　　70　　80　　90　　100%

3 よく出る 下の表は、給食で好きなメニューについて、学年でアンケートをとった結果を表したものです。

各8点(16点)

① それぞれの割合を百分率で求めて、表にかき入れましょう。

② ①の結果を、右の円グラフに表しましょう。

好きなメニューの人数

メニュー	人数(人)	割合(%)
カレー	88	
シチュー	52	
プリン	28	
からあげ	21	
その他	61	
合計	250	100

好きなメニューの人数の割合

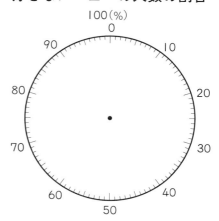

思考・判断・表現 　　　　　　　　　　　　　　　　　　／20点

4 よく出る 下の帯グラフは、ある日の午前9時から午後5時までの間に、学校の前を通った車の種類と台数を調べたものです。

各5点(20点)

学校の前を通った種類別の車の台数の割合

乗用車	バス	トラック	タクシー	その他

0　10　20　30　40　50　60　70　80　90　100(%)

① 乗用車の台数は、全体の何%ですか。

（　　　　　　　）

② バスの割合は、タクシーの割合の何倍ですか。

（　　　　　　　）

③ トラックとタクシーをあわせると、全体の何分の一になりますか。

（　　　　　　　）

④ 午前9時から午後5時までの間に学校の前を通った車は350台です。
乗用車は何台通りましたか。

（　　　　　　　）

 ❸がわからないときは、112ページの2にもどって確にんしてみよう。

📖 教科書 243～245 ページ ▣ 答え 46 ページ

✏️ 次の □ にあてはまることばや数をかきましょう。

🎯ねらい 角柱の性質について理解しよう。

練習 ①②③➡

🐾 角柱

平らな面を平面、平らでない面を曲面といいます。
平面や曲面でかこまれている形を**立体**といいます。
右の図のような、平面だけでかこまれた立体を**角柱**
といいます。
角柱で向かいあった2つの面を**底面**といい、
底面以外のまわりの面を**側面**といいます。

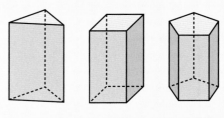

三角柱　　四角柱　　五角柱

🐾 角柱の性質

角柱は、底面の形によって三角柱、四角柱、五角柱、六角柱な
どといいます。
立方体や直方体は、四角柱とみることができます。
角柱の側面は、長方形や正方形で、底面に垂直です。
角柱の2つの底面は平行で、合同な多角形です。

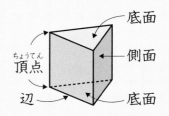

底面
側面
頂点
辺
底面

---

1 三角柱、四角柱、五角柱について、次の問題に答えましょう。

(1) 底面は、それぞれどのような形ですか。

(2) 側面はどのような形で、側面の数は
それぞれいくつですか。

(3) 頂点の数は、それぞれいくつですか。

(4) 辺の数は、それぞれいくつですか。

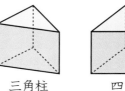

三角柱　　四角柱　　五角柱

解き方 (1) 合同で、平行な2つの面が底面です。

三角柱の底面は □ 、四角柱の底面は四角形、五角柱の底面は □ です。

(2) 角柱の側面の形は、どれも □ か正方形です。側面の数は底面の辺の数と同じで、

三角柱は3つ、四角柱は4つ、五角柱は □ つです。

(3) 頂点の数は底面の頂点の数の2倍になっていて、

三角柱は6つ、四角柱は □ つ、五角柱は □ です。

(4) 辺の数は底面の辺の数の3倍になっていて、

三角柱は9つ、四角柱は12、五角柱は □ です。

底面は2つあるから、
角柱の面の数は
底面の辺の数＋2
になるね。

教科書 243〜245 ページ　答え 46 ページ

1 次の図のような角柱があります。
底面の形と角柱の名前を、それぞれかきましょう。

教科書 245 ページ **2**

①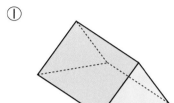

②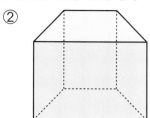

③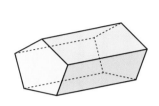

底面 (　　　　　)　　底面 (　　　　　)　　底面 (　　　　　)

角柱 (　　　　　)　　角柱 (　　　　　)　　角柱 (　　　　　)

2 □にあてはまることばをかきましょう。

教科書 245 ページ **2**

① 角柱では、2つの底面は □ で、合同な多角形になっています。

② 角柱の側面の形は、□ か正方形になっています。

③ 角柱では、側面は底面に □ になっています。

3 右の図のような角柱があります。

教科書 245 ページ **2**

① この角柱を何といいますか。

(　　　　　　　　)

② この角柱の底面はどんな形ですか。

(　　　　　　　　)

③ この角柱の頂点、辺、面の数は、それぞれいくつですか。

頂点の数 (　　　　　)　　辺の数 (　　　　　)　　面の数 (　　　　　)

ヒント　❶ 合同で平行な2つの面が底面です。

117

17 角柱と円柱
① 角柱と円柱－(2)
② 角柱と円柱の展開図

教科書 246〜248 ページ ⟩ 答え 46 ページ

✏ 次の □ にあてはまることばや数をかきましょう。

◎ねらい 円柱の性質について理解しよう。　　　　練習 ①➡

🐾 円柱

　右の図のような平面と曲面でかこまれた立体を **円柱** といいます。円柱で向かいあった2つの面を **底面** といい、まわりの面を **側面** といいます。

　円柱の側面は、曲面になっています。

　円柱では、2つの底面は平行で、合同な円です。

　※角柱や円柱の2つの底面にはさまれた垂直な直線の長さを、角柱や円柱の **高さ** といいます。

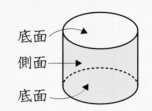

底面
側面
底面

1 円柱について調べましょう。

(1) 底面は、どのような形ですか。　(2) 円柱の側面のように、平らでない面を何といいますか。

解き方 (1) 平行で、合同な2つの面が底面です。円柱の底面は □ です。

(2) 平らな面を平面、平らでない面を □ といいます。

◎ねらい 角柱や円柱の展開図について理解しよう。　　　練習 ②③➡

🐾 三角柱の展開図

　底面と側面の数や形、それらのつながり方に気をつけてかきます。

🐾 円柱の展開図

　底面の円周の長さと側面の長方形の横の長さに気をつけてかきます。

2 右の図は、三角柱とその展開図です。

(1) 辺ABの長さは、何 cm ですか。

(2) 辺BCの長さは、何 cm ですか。

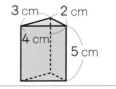

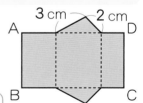

解き方 (1) 辺ABは三角柱の高さを表しているから、□ cm です。

(2) 辺BCは、底面のまわりの長さと同じになるので、□ cm です。

3 右の図は、円柱とその展開図です。

(1) 辺ABの長さは、何 cm ですか。

(2) 辺BCの長さは、何 cm ですか。

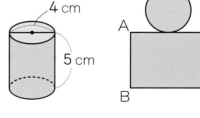

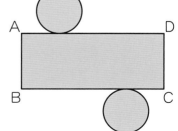

解き方 (1) 辺ABは円柱の高さを表しているから、□ cm です。

(2) 辺BCは、底面の円周の長さと同じになるので、□ ×3.14＝ □ (cm)です。

ぴったり2
練習

★できた問題には、「た」をかこう！★

でき 1　でき 2　でき 3

学習日　　　月　　　日

教科書 246〜248ページ　答え 47ページ

1 右のような平面と曲面でかこまれた立体について答えましょう。

教科書 246ページ **3**

① 底面はどんな形ですか。

（　　　　　　　　　）

② 2つの底面は、どんな関係になっていますか。

（　　　　　　　）（　　　　　　　）

③ 立体の名前をかきましょう。

（　　　　　　　　　）

2 次の三角柱と円柱の展開図のつづきをかきましょう。

教科書 247ページ **1**、248ページ **2**

①
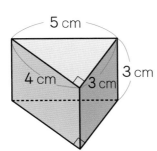
5cm　4cm　3cm　3cm

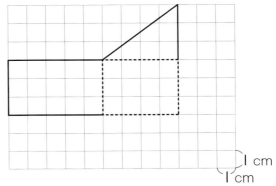
1cm
1cm

②
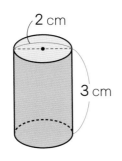
2cm　3cm

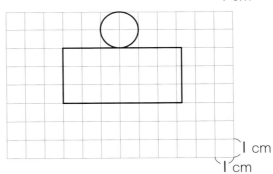
1cm
1cm

3 底面の直径が3cmで、高さが2cmの円柱の展開図をかきましょう。

教科書 248ページ **2**

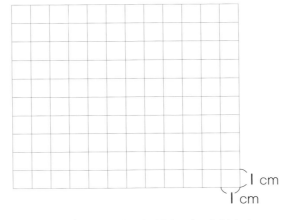
1cm
1cm

ヒント　**3** 側面の長方形は、横の長さが3×3.14＝9.42（cm）になります。

119

⑰ 角柱と円柱

教科書 243〜251 ページ 答え 47 ページ

知識・技能 ／68点

1 よく出る 次の図のような立体があります。
底面の形と立体の名前をかきましょう。 各4点(24点)

① 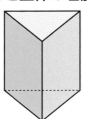　② 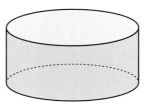　③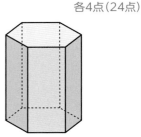

底面 (　　　　　)　　　底面 (　　　　　)　　　底面 (　　　　　)

立体 (　　　　　)　　　立体 (　　　　　)　　　立体 (　　　　　)

2 右のような角柱があります。 各6点(18点)
① この角柱を何といいますか。

(　　　　　)

② 面ABCDEに平行な面はどれですか。

(　　　　　)

③ 底面に垂直な面はいくつありますか。

(　　　　　)

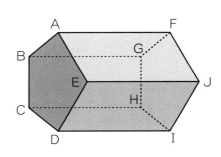

3 右の図のような展開図があります。 各6点(18点)
① この展開図を組み立ててできる立体を何といいますか。

(　　　　　)

② 辺ADの長さは何cmですか。

(　　　　　)

③ この展開図を組み立ててできる立体の高さは何cmですか。

(　　　　　)

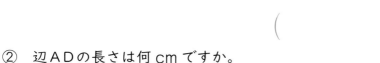
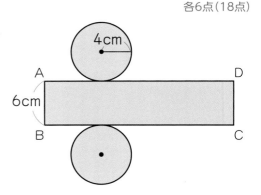

4 次の三角柱の展開図のつづきをかきましょう。　(8点)

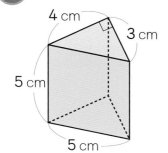

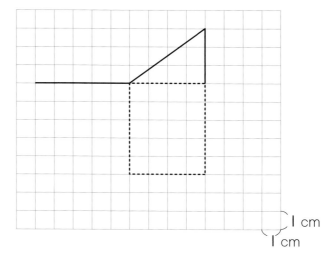

思考・判断・表現　　　　　　　　　　　／32点

5 右の図のような展開図があります。

各6点（24点）

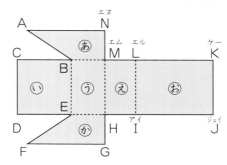

① この展開図を組み立ててできる立体を何といいますか。

（　　　　　　　　　）

② 組み立てたときに点Aに集まる点はどれですか。全部答えましょう。

（　　　　　　　　　）

③ 組み立てたときに辺FGと重なる辺はどれですか。

（　　　　　　　　　）

④ 組み立てたときに面あと垂直になるのはどの面ですか。全部答えましょう。

（　　　　　　　　　）

6 次の㋐から㋒の展開図を組み立てたとき、三角柱ができないものはどれですか。　(8点)

㋐
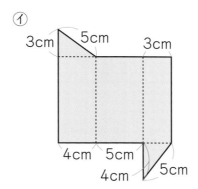

㋑

㋒
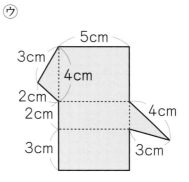

（　　　　　　　　　）

ふりかえり　②がわからないときは、116ページの**1**にもどって確にんしてみよう。

活用

もっとジャンプ

お得なプランを選ぼう

教科書　298〜299 ページ　　答え　48 ページ

ゆりなさんは、友達と遊園地に行く計画を立てています。
遊園地の料金について、どのプランだといちばんお得になるか調べましょう。

〈基本プラン〉

入場料	900 円
ジェットコースター、お化け屋敷	500 円
観覧車、ゴーカート、バイキング	400 円
迷路、空飛ぶじゅうたん、空中ブランコ	300 円

〈Aプラン〉

　入場料 2500 円で、どの乗り物も毎回 200 円引きになります。

　また、どの乗り物にも使える無料券が 3 まいもらえます。

〈Bプラン〉

　入場料 3500 円で、どの乗り物も乗り放題です。

1　ゆりなさんは、ジェットコースターに 1 回、観覧車に 1 回、迷路に 1 回、空中ブランコに 1 回乗る計画をたてました。

　どのプランがいちばんお得になるか、表にかいて調べましょう。

プラン	基本プラン	Aプラン	Bプラン
入場料　　　　　（円）	900		
ジェットコースター（円）	500		
観覧車　　　　　（円）	400		
迷路　　　　　　（円）	300		
空中ブランコ　　（円）			
合計　　　　　　（円）			

いちばんお得になるのは、　　　　プランです。

2 かいとさんは、遊園地のジェットコースターにくり返し乗りたいと考えています。

① ジェットコースターに4回乗るとき、どのプランがいちばんお得ですか。

下の表にかいて調べましょう。

回数 （回）	0	1	2	3	4
基本プラン （円）	900	1400			
Aプラン （円）	2500	2500			
Bプラン （円）	3500	3500			

いちばんお得になるのは、 ☐ プランです。

Aプランは無料券が
3枚ついてくるよ。

② ジェットコースターにくり返し乗るとき、Bプランが他のプランと比べて、いちばんお得になるのは、何回めからですか。

下の表にかいて調べましょう。

回数 （回）	5	6	7	8
基本プラン （円）				
Aプラン （円）				
Bプラン （円）				

Bプランがいちばんお得になるのは、 ☐ 回めからです。

Aプランは4回めから
ジェットコースターの料金が
かかってくるね。

123

活用

もっとジャンプ

2人が出会うまでの時間

教科書 **302〜303 ページ** ＞ 答え **49 ページ** ＞

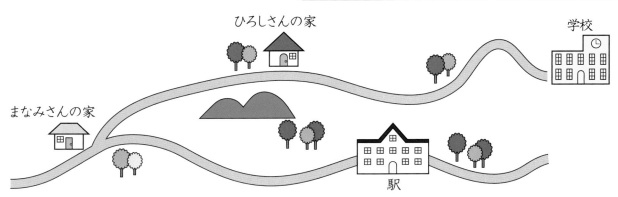

1 まなみさんとひろしさんの家は 800 m はなれています。

自分の家から相手の家に向かって、まなみさんは分速 70 m、ひろしさんは分速 90 m で歩きます。

2人が同時に家を出発したとき、次のような問題を考えましょう。

① 3分後には、2人はあわせてどれだけ歩きましたか。

次の表に数をかき入れて、答えましょう。

歩いた時間 　　　　　　　（分）	0	I	2	3		
まなみさんの歩いた道のり（m）	0	70				
ひろしさんの歩いた道のり（m）	0	90				
2人あわせた道のり 　　　　（m）	0	160				800

（　　　　　　　　　）

② 2人は出発してから何分後に出会いますか。

（　　　　　　　　　）

I分間に
160 m ずつ
近づいていくね。

よくよんで

2 まなみさんの家から駅までは 1350 m あります。

まなみさんは、駅から家に向かって分速 70 m、お母さんは、家から駅に向かって分速 80 m で、同時に出発しました。

2人は出発してから何分後に出会いますか。

I分間に何 m ずつ近づくかを考えて、答えを求めましょう。

（　　　　　　　　　）

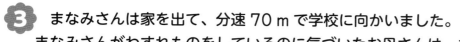

3 まなみさんは家を出て、分速70mで学校に向かいました。
　まなみさんがわすれものをしているのに気づいたお母さんは、まなみさんが家を出てから14分たったとき、分速210mの自転車でまなみさんのあとを追いかけました。

① お母さんが家を出たとき、まなみさんとお母さんの間の道のりは何mありますか。

（　　　　　　　　）

② まなみさんとお母さんの間のきょりは3分間でどれだけちぢまりますか。
　次の表に数をかき入れて、答えましょう。

お母さんが追いかけた時間　（分）	0	1	2	3		
まなみさんが進んだ道のり　（m）	980					
お母さんが進んだ道のり　　（m）	0					
2人の間の道のり　　　　　（m）	980					0

1分間に140mずつ
ちぢまっていくね。

（　　　　　　　　）

③ お母さんは、自転車で家を出てから何分後にまなみさんに追いつきますか。

（　　　　　　　　）

4 ひろしさんは家を出て、分速90mで学校に向かいました。
　ひろしさんがわすれものをしているのに気づいたお父さんは、ひろしさんが家を出てから10分たったとき、分速240mの自転車でひろしさんのあとを追いかけました。
　お父さんは、自転車で家を出てから何分後にひろしさんに追いつきますか。
　次の表に数をかき入れて、答えましょう。

お父さんが追いかけた時間　（分）	0	1	2	3		
ひろしさんが進んだ道のり　（m）						
お父さんが進んだ道のり　　（m）						
2人の間の道のり　　　　　（m）						0

（　　　　　　　　）

（数と計算）

1 次の数をかきましょう。　各4点（12点）

① 1を4個 と、0.1を2個 と、0.001を7個あわせた数　（　　　　　）

② 0.569 を 100 倍した数　（　　　　　）

③ 8.03 を $\frac{1}{100}$ にした数　（　　　　　）

2 かけ算をしましょう。　各4点（16点）

①
$$\begin{array}{r} 2.8 \\ \times 0.4 \\ \hline \end{array}$$

②
$$\begin{array}{r} 4.5 \\ \times 3.6 \\ \hline \end{array}$$

③
$$\begin{array}{r} 0.74 \\ \times\ \ 1.8 \\ \hline \end{array}$$

④
$$\begin{array}{r} 0.65 \\ \times 0.32 \\ \hline \end{array}$$

3 わり算をしましょう。

③は商を整数だけにしてあまりも求めましょう。④は商を四捨五入して、上から2けたのがい数で表しましょう。　各4点（16点）

①
$$0.9\overline{)40.5}$$

②
$$0.7\overline{)1.68}$$

③
$$0.85\overline{)2.21}$$

④
$$3.2\overline{)5.4}$$

4 次の問題に答えましょう。　各5点（10点）

① 14 と 21 の公倍数を、小さいほうから順に 3 つかきましょう。

（　　　　　）

② 24 と 36 の公約数を全部かきましょう。

（　　　　　）

5 大きさを比べ、□ にあてはまる不等号をかきましょう。　各4点（8点）

① $\frac{5}{6}$ □ $\frac{8}{9}$　② $\frac{5}{4}$ □ 1.24

6 次の計算をしましょう。　各4点（32点）

① $\frac{2}{3}+\frac{3}{4}$　② $\frac{5}{8}+\frac{9}{10}$

③ $\frac{5}{7}+\frac{13}{21}$　④ $2\frac{1}{3}+1\frac{5}{9}$

⑤ $\frac{10}{9}-\frac{3}{4}$　⑥ $\frac{5}{6}-\frac{7}{12}$

⑦ $\frac{3}{5}-\frac{7}{20}$　⑧ $4\frac{7}{10}-2\frac{8}{15}$

7 赤いおはじきが 56 個、青いおはじきが 80 個あります。これを何人かの子どもに同じ数ずつ分けます。

どちらのおはじきもあまりが出ないように、できるだけ多くの子どもに分けるには、何人の子どもに分ければよいですか。　（6点）

（　　　　　）

まとめのテスト （図形、変化と関係）

1 右の三角形と合同な三角形をかくのに、どの辺の長さを調べればよいですか。 （8点）

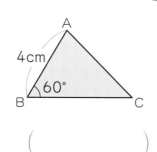

（　　　　　　　　）

2 下の図形で、㋐と㋑の角度はそれぞれ何度ですか。 各8点(16点)

①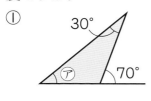

②

㋐ （　　　　　）　　㋑ （　　　　　）

3 次の図形の面積を求めましょう。 各7点(28点)

① 三角形

② 平行四辺形

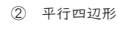

（　　　　　　）　　（　　　　　　）

③ 台形

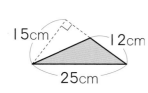

④ ひし形

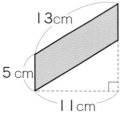

（　　　　　　）　　（　　　　　　）

4 右の図のように、円の中心のまわりの角を等分する方法で、正九角形をかきました。 各8点(16点)

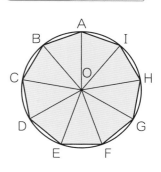

① 角AOBの角度は何度ですか。

（　　　　　　　　）

② 角ABCの角度は何度ですか。

（　　　　　　　　）

5 右のような形の体積は何cm³ ですか。 （8点）

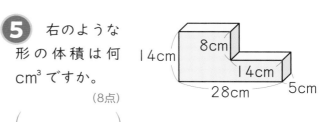

（　　　　　　　　）

6 右の図は、円柱の展開図です。
辺ABの長さは何cmですか。 （8点）

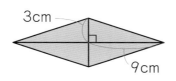

（　　　　　　　　）

7 次の表は、A市とB市の人口と面積を表したものです。
それぞれの人口密度を、小数第一位を四捨五入して、整数で求めましょう。 各8点(16点)

人口と面積

	人口（人）	面積（km²）
A市	450397	468
B市	404216	645

A市 （　　　　　　）　　B市 （　　　　　　）

まとめの テスト

5年の復習

（変化と関係、データの活用）

学習日　月　日

時間 20 分
／100

合格 80 点

教科書　264 ページ　答え　52 ページ

1 次の割合を小数で表しましょう。

各4点（16点）

① 48 ％

② 32.7 ％

（　　　　）　　（　　　　）

③ 125 ％

④ 8割

（　　　　）　　（　　　　）

2 □にあてはまる数を求めましょう。

式・答え 各4点（24点）

① 30 m は、50 m の□ ％ です。

式

答え（　　　　）

② 2400 円の 75 ％ は□円です。

式

答え（　　　　）

③ □ kg の 30 ％ は、4.5 kg です。

式

答え（　　　　）

3 右の表は、旅行し
たい国について、アン
ケート結果をまとめた
ものです。　各8点（16点）

① それぞれの割合を
百分率で求めて表に
かきましょう。

② 帯グラフに表しま
しょう。

旅行したい国の人数

国名	人数 （人）	割合 （％）
イタリア	65	
フランス	40	
アメリカ	25	
エジプト	14	
その他	56	
合計	200	

旅行したい国の人数の割合

0　10　20　30　40　50　60　70　80　90　100（％）

4 定価 3200 円のくつをA店では定価の
20 ％引きで、B店では定価の 600 円引きで
売っています。　①式・答え 各4点 ②8点（16点）

① A店では何円で売っていますか。

式

答え（　　　　）

② A店とB店、どちらの店で買うほうが安
いですか。

（　　　　）

5 底辺の長さが3cm の三角形があります。
次の表は、底辺の長さはそのままで、高さを
変えていったときの、三角形の高さと面積の
関係について調べたものです。　各7点（14点）

高さ（cm）	1	2	3	4	5
面積（cm²）	1.5	3	4.5	6	7.5

① 高さを□ cm、面積を△ cm² として、
□と△の関係を式に表しましょう。

（　　　　）

② □と△の関係を何といいますか。

（　　　　）

6 下の図のように、マッチぼうを使って、
正六角形をつくり横にならべていきます。

各7点（14点）

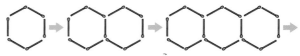

① 正六角形の数を□個、マッチぼうの数を
△本として、□と△の関係を式に表しま
しょう。　（　　　　）

② 正六角形の数が 10 個のときの、マッチ
ぼうの数を求めましょう。

（　　　　）

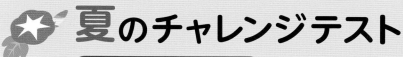

夏のチャレンジテスト

教科書 12〜92ページ

名
前

月　　　日

時間 **40**分

合格80点
／100

答え**53**ページ ➡

知識・技能 ／81点

1 次の数をかきましょう。 各3点(6点)

① 0.1 を4個と、0.01 を2個と、0.001 を8個
あわせた数

（　　　　　　　　）

② 1 を5個と、100 を6個と、10000 を4個あわせた数

（　　　　　　　　）

2 次の数をかきましょう。 各3点(6点)

① 0.23 を 100 倍した数

（　　　　　　　　）

② 35.1 を $\frac{1}{100}$ にした数

（　　　　　　　　）

3 下の三角形で、あの三角形と合同な三角形を全部選びましょう。 (3点)

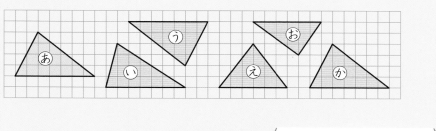

（　　　　　　　　）

4 下の2つの四角形は合同です。 各3点(6点)

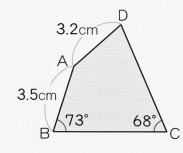 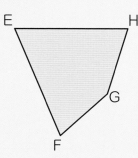

① 辺GHの長さは何 cm ですか。

（　　　　　　　　）

② 角Eの大きさは何度ですか。

（　　　　　　　　）

5 □ にあてはまる数をかきましょう。 各3点(6点)

① 2.5 L ＝ □ cm³

② 480000 L ＝ □ m³

6 次のかけ算で、積がかけられる数より小さくなるものを記号でかきましょう。 (3点)

あ 32.7×1.9　　　い 0.06×0.7
う 8.3×1　　　え 4.3×0.9
お 0.11×1.2

（　　　　　　　　）

7 次のわり算で、商がわられる数より大きくなるものを記号でかきましょう。 (3点)

あ 13.2÷0.43　　　い 43.7÷1.5
う 0.38÷1.96　　　え 1.26÷1
お 0.03÷0.97

（　　　　　　　　）

8 次の⑦から①の角度を求めましょう。 各3点(12点)

①
②

（　　　　　　　　）　　（　　　　　　　　）

③
④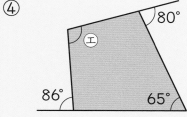

（　　　　　　　　）　　（　　　　　　　　）

9 かけ算をしましょう。　　　　　　　　　　各3点(12点)

① 3.2
　×1.6

② 2.6
　×1.5

③ 0.6 5
　× 1.4

④ 0.4 5
　×0.2 4

10 わり算をしましょう。③と④は、商は整数だけにして、あまりも求めましょう。　　　　　　　　　　各3点(12点)

① 0.9) 3 0.6

② 0.3 6) 1.6 2

③ 3.7) 3 4

④ 0.4 2) 3.5 1

11 くふうして、計算しましょう。　　　　　　各3点(6点)
① 2.5×8.6×4

② 7.9×6.7＋7.9×3.3

12 次の直方体や立方体の体積を求めましょう。　各3点(6点)
①

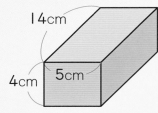

（　　　　　　）

②

（　　　　　　）

13 1 m の重さが 2.8 kg の銅管があります。
　この銅管 6.5 m の重さは何 kg ですか。　　式・答え 各3点(6点)

式

答え（　　　　　　）

14 面積が 34.5 cm² で、横の長さが 7.5 cm の長方形があります。
　たての長さは何 cm ですか。
　　　　　　　　式・答え 各3点(6点)

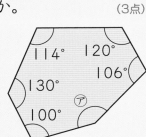

式

答え（　　　　　　）

15 右の六角形で、㋐の角度は何度ですか。　(3点)

114°　120°
130°　106°
㋐
100°

（　　　　　　）

16 直方体の形をした水そうに 3 cm の深さまで水がはいっています。この水そうに水を入れていくとき、水を入れる時間と水の深さの関係は、下の表のようになりました。
　水を入れる時間を□分、水の深さを△ cm として、□と△の関係を式に表しましょう。　　　　　(4点)

時間(分)	0	1	2	3	4	5
水の深さ(cm)	3	4.5	6	7.5	9	10.5

（　　　　　　）

冬のチャレンジテスト

教科書 95〜198ページ

月　　日

名
前

⏰時間
40分

合格80点
／100

答え54ページ ➡

知識・技能　　　　　　　　　／82点

1 次の整数を、偶数と奇数に分けましょう。　各2点(4点)

0、1、2、7、15、34、412、877、6455

偶数 （　　　　　　　　　　　　）

奇数 （　　　　　　　　　　　　）

2 （　）の中の2つの数の最小公倍数を求めましょう。
　　　　　　　　　　　　　　　　　各2点(4点)

① （8, 12）　　　　② （16, 20）

（　　　　　）　（　　　　　）

3 （　）の中の2つの数の最大公約数を求めましょう。
　　　　　　　　　　　　　　　　　各2点(4点)

① （9, 15）　　　　② （16, 24）

（　　　　　）　（　　　　　）

4 次の分数を約分しましょう。　各2点(4点)

① $\frac{18}{24}$　　　　② $\frac{15}{60}$

（　　　　　）　（　　　　　）

5 （　）の中の分数を通分しましょう。　各2点(4点)

① $\left(\frac{2}{3}, \frac{1}{5}\right)$　　　② $\left(\frac{5}{6}, \frac{4}{9}\right)$

（　　　　　）　（　　　　　）

6 次の円の円周の長さを求めましょう。　各3点(6点)

① 直径6cmの円

（　　　　　　　　　　　　）

② 半径8mの円

（　　　　　　　　　　　　）

---

7 次の図形の面積を求めましょう。　各3点(12点)

① 平行四辺形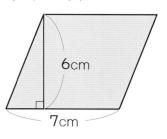
6cm
7cm

② 三角形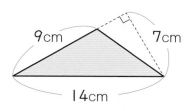
9cm　7cm
14cm

（　　　　　）　（　　　　　）

③ 台形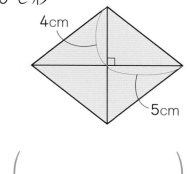
6cm
8cm
9cm

④ ひし形
4cm
5cm

（　　　　　）　（　　　　　）

8 次の三角形や平行四辺形の面積を求めましょう。
　　　　　　　　　　　　　　式・答え 各2点(8点)

①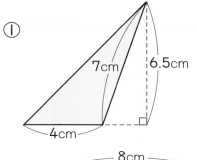
7cm　6.5cm
4cm

式

答え（　　　　　　　）

②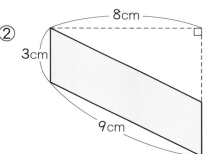
8cm
3cm
9cm

式

答え（　　　　　　　）

9 右の図のように、円の中心のまわりの角を等分して正多角形をかきました。　各3点(9点)

① 右の正多角形を何といいますか。

（　　　　　　　　　　）

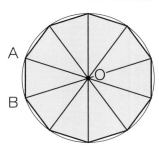
A
O
B

② 角AOBは何度ですか。

（　　　　　　　　　　）

③ 三角形AOBはどんな三角形ですか。

（　　　　　　　　　　）

---

10 次の計算をしましょう。

各3点(18点)

① $\dfrac{3}{5}+\dfrac{1}{3}$

② $\dfrac{1}{8}+\dfrac{2}{3}$

③ $1\dfrac{2}{3}+\dfrac{5}{6}$

④ $\dfrac{4}{7}-\dfrac{2}{5}$

⑤ $\dfrac{5}{6}-\dfrac{2}{9}$

⑥ $2\dfrac{1}{6}-\dfrac{3}{4}$

11 下の表は、さとみさんが6日間に読んだ本のページ数を表しています。

曜日	月	火	水	木	金	土
読んだページ数(ページ)	27	30	18	32	0	34

さとみさんは、１日に平均何ページ読んだことになりますか。

(3点)

( )

12 同じ箱をつくるＡ、Ｂ２台の機械があります。Ａの機械では50分で700個、Ｂの機械では60分で720個の箱をつくります。

どちらの機械のほうが効率がよいといえますか。 (3点)

( )

13 ある市の面積はおよそ72km²で、人口は426103人です。

この市の人口密度を、四捨五入して、整数で求めましょう。

(3点)

( )

思考・判断・表現 　　　　　　　　　　　　 ／18点

14 ある駅では、電車は6分おきに、バスは9分おきに出発します。午前7時に電車とバスが同時に出発しました。

各3点(6点)

① 次に同時に出発する時こくを答えましょう。

( )

② ①のあと、午前10時までに同時に出発することは、何回ありますか。

( )

15 右の図の○の三角形の面積は、あの三角形の面積の何倍ですか。 (6点)

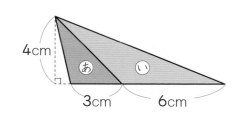

( )

16 りんごジュースをびんに入れます。

大びんにはいる量は0.72Lで、小びんにはいる量の1.6倍だそうです。

小びんにはいるジュースの量は何Lですか。

式・答え 各3点(6点)

式

答え ( )

春のチャレンジテスト

教科書 201〜251ページ

名前

月　日

⏰時間 40分

合格80点 ／100

答え55ページ ➡

知識・技能 ／78点

1 次の小数を分数で表しましょう。 各3点(6点)

① 1.9

② 0.37

(　　　　　)　(　　　　　)

2 次の小数は百分率で、百分率は小数で表しましょう。 各3点(12点)

① 0.32

② 1.2

(　　　　　)　(　　　　　)

③ 87％

④ 267％

(　　　　　)　(　　　　　)

3 次の立体の底面の形と名前をかきましょう。 各3点(12点)

①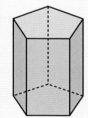

底面 (　　　　　)

立体 (　　　　　)

②

底面 (　　　　　)

立体 (　　　　　)

4 次の □ にあてはまることばをかきましょう。 各3点(6点)

六角柱の底面の形は、□ で、底面と側面の

位置関係は、□ になっています。

5 ある庭園の面積と割合について調べました。 各4点(12点)

① それぞれの割合を求めて、表にかき入れましょう。

庭園の面積

	面積(km²)	割合(%)
しばふ	153	
花だん	60	
池	26	
その他	161	
合計	400	100

② 庭園の面積の割合を円グラフに表しましょう。

庭園の面積の割合

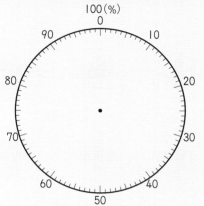

③ 庭園の面積の割合を帯グラフに表しましょう。

庭園の面積の割合

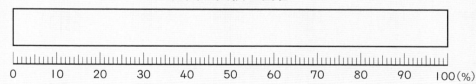

6 下の角柱の展開図を完成させましょう。 (6点)

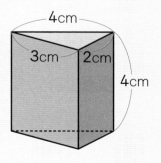

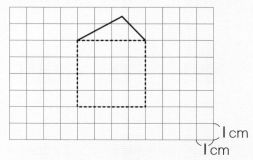

---

7 下の図のような展開図があります。

各4点(12点)

3cm

7cm

A　　　　　　　　D

B　　　　　　　　C

① この展開図を組み立ててできる立体を何といいますか。

（　　　　　）

② 辺ＡＤの長さは何cmですか。

（　　　　　）

③ この展開図を組み立ててできる立体の高さは何cmですか。

（　　　　　）

8 青いテープの長さは7mで、白いテープの長さは3mです。

白いテープの長さは、青いテープの長さの何倍ですか。

(6点)

（　　　　　）

9 3500円の洋服が、2割引きで売っていました。

この洋服の売りねは何円ですか。

式・答え 各3点(6点)

式

答え（　　　　　）

10 定価3600円のＴシャツを、900円引きで売っているＡ店と、2割引きで売っているＢ店と、定価の70％で売っているＣ店があります。

どの店で買うと、いちばん安く買えますか。

(6点)

（　　　　　）

11 下の帯グラフは、好きなスポーツについて、みかさんの学校でアンケートをとった結果を表したものです。

各4点(16点)

好きなスポーツの割合

| ドッジボール | ダンス | サッカー | 野球 | その他 |

0　10　20　30　40　50　60　70　80　90　100(%)

① ドッジボールが好きな人は、全体の何％ですか。

（　　　　　）

② ドッジボールが好きな人の割合は、野球の割合の何倍ですか。

（　　　　　）

③ ドッジボールとダンスをあわせると、全体の何分の一になりますか。

（　　　　　）

④ みかさんの学校の児童数は400人です。

ダンスが好きな人は何人ですか。

（　　　　　）

◎用意するもの…定規

5年 算数のまとめ 学力診断テスト

月　日
名前

時間 40分

合格80点　／100

答え56ページ

1 次の数を書きましょう。　各2点(4点)

① 0.68を100倍した数　(　　　)

② 6.34を$\frac{1}{10}$にした数　(　　　)

2 次の計算をしましょう。④はわり切れるまで計算しましょう。　各2点(12点)

① 0.23×1.9

② 3.4×6.05

③ $62.4 \div 0.4$

④ $15.6 \div 4.8$

⑤ $\frac{2}{3}+\frac{8}{15}$

⑥ $\frac{7}{15}-\frac{3}{10}$

3 次の数を、大きい順に書きましょう。　(全部できて3点)

$\frac{5}{2}$、$\frac{3}{4}$、0.5、2、$1\frac{1}{3}$

(　　　)

4 次のあ〜うの速さを、速い順に記号で答えましょう。　(全部できて3点)

あ 秒速15m　い 分速750m　う 時速60km

(　　→　　→　　)

5 次の問題に答えましょう。　各3点(6点)

① 9、12のどちらでわってもわり切れる数のうち、いちばん小さい整数を答えましょう。

(　　　)

② 5年2組は、5年1組より1人多いそうです。5年2組の人数が偶数のとき、5年1組の人数は偶数ですか、奇数ですか。

(　　　)

6 えん筆が24本、消しゴムが18個あります。えん筆も消しゴムもあまりが出ないように、できるだけ多くの人に同じ数ずつ分けます。　各3点(9点)

① 何人に分けることができますか。　(　　　)

② ①のとき、1人分のえん筆は何本で、消しゴムは何個になりますか。

えん筆 (　　　)　消しゴム (　　　)

7 右のような台形ABCDがあります。　各3点(6点)

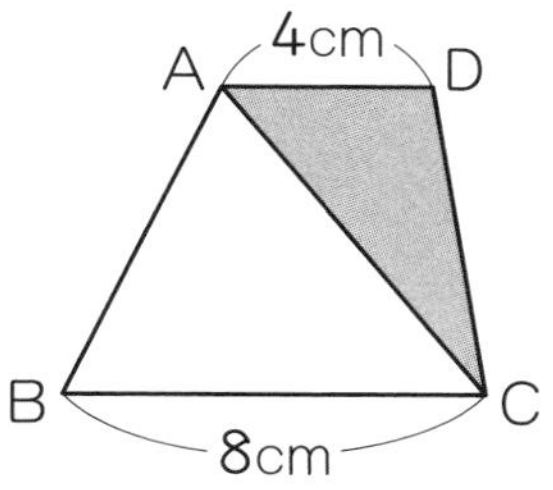

① 三角形ACDの面積は$12\,cm^2$です。台形ABCDの高さは何cmですか。

(　　　)

② この台形の面積を求めましょう。

(　　　)

8 右のような立体の体積を求めましょう。　(3点)

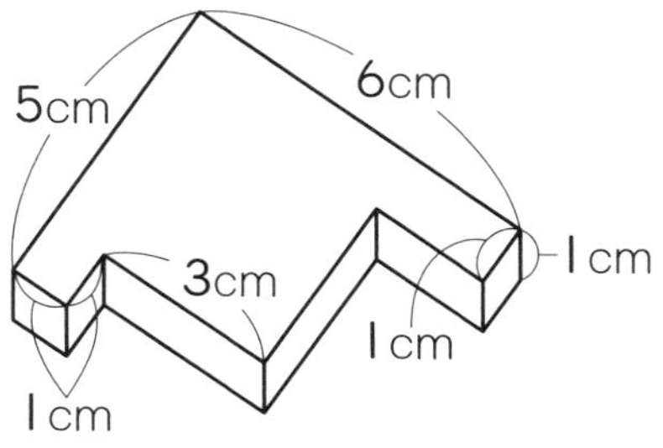

(　　　)

9 右のてん開図について答えましょう。　各3点(9点)

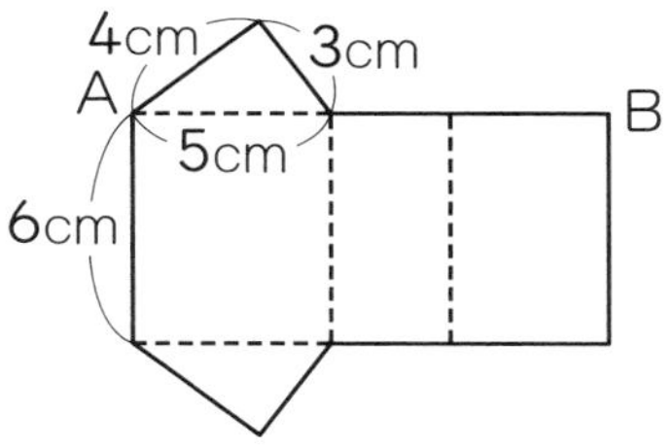

① 何という立体のてん開図ですか。

(　　　)

② この立体の高さは何cmですか。

(　　　)

③ ABの長さは何cmですか。

(　　　)

うらにも問題があります。

10 右の三角形と合同な三角形をかこうと思います。辺ABの長さと角Aの大きさはわかっています。

あと1つどこをはかれば、必ず右の三角形と同じ三角形をかくことができますか。下の□からあてはまるものをすべて答えましょう。

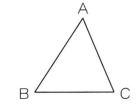

> 辺BC　　辺AC　　角B

(全部できて 3点)

(　　　　　　　　　　　　)

11 正五角形の1つの角の大きさは何度ですか。　(3点)

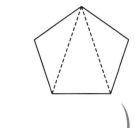

(　　　　　　　　　　　　)

12 お茶が、これまでよりも 20% 増量して1本 600mL で売られています。

これまで売られていたお茶は、1本何 mL でしたか。 (3点)

(　　　　　　　　　　　　)

13 次の表は、ある町の農作物の生産量を調べたものです。

①式・答え 各3点、②③全部できて 各3点(12点)

ある町の農作物の生産量

農作物の種類	米	麦	みかん	ピーマン	その他	合計
生産量(t)	315			72	108	
割合(%)		25	20	8		100

① 生産量の合計は何 t ですか。

式

答え (　　　　　　　　)

② 表のあいている部分をうめましょう。

③ 種類別の生産量の割合を円グラフに表しましょう。

ある町の農作物の生産量

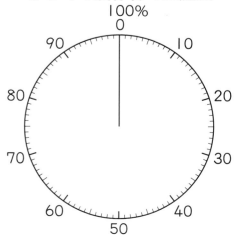

14 右の表は、5年1組から4組までのそれぞれの花だんの面積と花の本数を表したものです。

①式・答え 各3点、②3点(9点)

5年生の花だんの面積と花の本数

	面積(m²)	花の本数(本)
1組	9	7
2組	8	6
3組	12	13
4組	12	9

① 花の本数は、1つの組平均何本ですか。

式

答え (　　　　　　　　)

② 次の㋐〜㋒の文章で、内容がまちがっているものを答えましょう。

㋐ 1組の花だんよりも4組の花だんのほうが、花の本数が多いので、こんでいる。

㋑ 2組の花だんと4組の花だんは、1m² あたりの花の本数が同じなので、こみぐあいは同じである。

㋒ 3組の花だんと4組の花だんは、面積が同じなので、花の本数が多い3組のほうがこんでいる。

(　　　　　　　　　　　　)

15 円の直径の長さと、円周の長さの関係について答えましょう。円周率は 3.14 とします。

①全部できて 3点、②〜④( )各3点(15点)

① 下の表を完成させましょう。

直径の長さ(○cm)	1	2	3	4	
円周の長さ(△cm)					

② 直径の長さを○ cm、円周の長さを△ cm として、○と△の関係を式に表しましょう。

(　　　　　　　　)

③ 直径の長さと円周の長さはどのような関係にあるといえますか。

(　　　　　　　　)

④ 下の図のように、同じ大きさの3つの円が直線アイ上にならんでいます。このうちの1つの円の円周の長さと直線アイの長さとでは、どちらが短いですか。そう考えたわけも書きましょう。

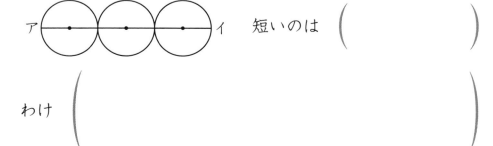

短いのは (　　　　　　　　)

わけ (　　　　　　　　　　　　)

教科書ぴったりトレーニング

答えとてびき

日本文教版　算数5年

右段のてびきでは、次のようなものを示しています。
・学習のねらいやポイント
・他の学年や他の単元の学習内容とのつながり
・まちがいやすいことやつまずきやすいところ
お子様への説明や、学習内容の把握などにご活用ください。

答え合わせの時間短縮に 丸つけラクラク解答 **デジタルもご活用ください！**

右の QR コードをスマートフォンなどで読み取ると、
赤字解答の入った本文紙面を見ながら簡単に答え合わせができます。

丸つけラクラク解答デジタルは以下の URL からも確認できます。
https://www.shinko-keirinwebshop.com/shinko/2024pt/rakurakudegi/MNB5da/index.html

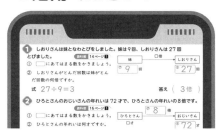

※丸つけラクラク解答デジタルは無料でご利用いただけますが、通信料金はお客様のご負担となります。
※QR コードは株式会社デンソーウェーブの登録商標です。

---

① 整数と小数のしくみ

ぴったり1 準備　　**2ページ**

1 ①4　②7　③3　④4
2 右、7536、75360
3 左、0.643、0.0643

ぴったり2 練習　　**3ページ**　　　　　　　　　　　**てびき**

1 ①⑦1000　①9　⑦1
　②⑦0.1　①8　⑦0.001
　③⑦1　①0.1　⑦0.01　①0.001
　④⑦8　①4　⑦0　①1　①2
2 ①98.521　②12.589

3 ①38　②0.7
　③136.5　④230
　⑤42035　⑥123

1 それぞれの位の数を表す「何が何個」は、式に表すとかけ算になります。

2 ①大きい位に大きい数字をあてはめると大きな数になるので、左から大きい数字をあてはめます。
②大きい位に小さい数字をあてはめると小さな数になるので、左から小さい数字をあてはめます。

3 10倍すると、小数点は右へ1けた移り、100倍すると、小数点は右へ2けた移り、1000倍すると、小数点は右へ3けた移ります。

4 ①0.09 ②1.732
③0.0103 ④0.24
⑤0.0152 ⑥0.00106

4 $\frac{1}{10}$ にすると、小数点は左へ1けた、$\frac{1}{100}$ にする
と、小数点は左へ2けた、$\frac{1}{1000}$ にすると、小数
点は左へ3けた移ります。小数点を左へ移していっ
たとき、数字がなくなるときは0をつけていきます。

ぴったり3 確かめのテスト 　**4〜5ページ**　　　**てびき**

1 ①1000、100、10 ②6、0、0.01
2 ①⑦8 　④1 　⑦2 　④6
②⑦10 　④1 　⑦0.1 　④0.01
3 ①714.5 ②80.293
4 ①281.4、2814、28140
②0.73、7.3、73
5 ①100倍 ②1000倍 ③10倍

6 ①3.18、0.318、0.0318
②64、6.4、0.64
7 ①$\frac{1}{100}$ ②$\frac{1}{10}$ ③$\frac{1}{1000}$

8 ①873.02
②203.78

9 49.651

2 ②64.01 は 10 を6個、1を4個、0.1 を0個、
0.01 を1個あわせた数です。

4 10倍、100倍、1000倍すると、小数点はそれ
ぞれ右へ1けた、2けた、3けた移ります。

5 ①小数点が右へ2けた移っているので、916 は
9.16 を 100 倍した数です。
②小数点が右へ3けた移っているので、9160 は
9.16 を 1000 倍した数です。
③小数点が右へ1けた移っているので、91.6 は
9.16 を 10 倍した数です。

6 $\frac{1}{10}$、$\frac{1}{100}$、$\frac{1}{1000}$ にすると、小数点はそれぞれ
左へ1けた、2けた、3けた移ります。

7 ①小数点が左へ2けた移っているので、0.527 は
52.7 を $\frac{1}{100}$ にした数です。
②小数点が左へ1けた移っているので、5.27 は
52.7 を $\frac{1}{10}$ にした数です。
③小数点が左へ3けた移っているので、0.0527
は 52.7 を $\frac{1}{1000}$ にした数です。

8 ①左から順に大きい数字をあてはめていけば、いち
ばん大きい数になります。しかし、いちばん小さ
い位に0はあてはまらないので、小数第一位に0
をあてはめて、小数第二位に2をあてはめます。
②左から順に小さい数字をあてはめていけば、いち
ばん小さい数になります。しかし、百の位に0は
あてはまらないので、百の位に2、十の位に0を
あてはめます。

9 50 より小さい数で、50 にいちばん近い数をつく
ると、49.651 になります。また、50 より大きい
数で、50 にいちばん近い数をつくると、51.469
になります。この2つの数で、50 により近いもの
は、49.651 です。

② 体積

ぴったり1 準備 　**6**ページ

1 (1)①4　②8　③24
　　(2)①3　②6　③6　④15
2 (1)①7　②6　③210
　　(2)①6　②6　③6　④216

ぴったり2 練習 　**7**ページ

てびき

1 ①36 cm³　②16 cm³

2 ①1 cm³　②2 cm³

3 ①120 cm³
　　②343 cm³

4 ①300 cm³　②195 cm³　③512 cm³

1 ①1cm³の積み木が、1だんめはたてに3個、横に
4個ならんでいて、それが3だんあるので、
3×4×3＝36で、全部で36個あります。
よって、体積は36cm³になります。
②1cm³の積み木が、1だんめは3×4＝12で、
12個ならんでいて、2だんめは4個ならんでい
るので、全部で16個あります。
よって、体積は16cm³になります。

2 ①1cm³の積み木を半分にしたものが2だんあるの
で、1cm³の積み木が1個あることになります。
よって、体積は1cm³になります。
②1cm³の積み木を半分にしたものが両はしにある
ので、あわせると1cm³の積み木が1個あること
になります。真ん中に1cm³の積み木が1個ある
ので、体積は2cm³になります。

3 ①直方体の体積＝たて×横×高さ
　　3×8×5＝120　　　　　　　　　120 cm³
②立方体の体積＝1辺×1辺×1辺
　　7×7×7＝343　　　　　　　　　343 cm³

4 ①12×5×5＝300　　　　　　　　　300 cm³
②3×5×13＝195　　　　　　　　　195 cm³
③8×8×8＝512　　　　　　　　　512 cm³

ぴったり1 準備 　**8**ページ

1 ①3　②408　③4　④408
2 ①2　②108　③4　④108

ぴったり2 練習 　**9**ページ

てびき

1 考え方1　横の線で、2つの直
　方体に分けます。

　　式　4×6×3＋2×2×3＝84
　　　　　　　　　答え　84 cm³

　考え方2　大きな直方体から、
　点線の部分をひきます。

　　式　6×6×3－2×4×3＝84
　　　　　　　　　答え　84 cm³

1 （別の解き方）
　たての線で、2つの
　直方体に分けます。
　4×4×3＋6×2×3＝84

2 ①180 cm³　②590 cm³
　③220 cm³　④1820 cm³

2 ①たての線で、2つの直方体に分けます。
　5×5×6＋5×3×2＝180

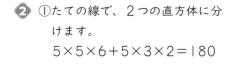

（別の解き方）

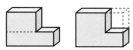

②横の線で、2つの直方体に分けます。
　5×7×4＋5×15×6
　＝590

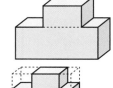

（別の解き方）

③大きな直方体から、あなの部分をひきます。
　8×7×5－3×4×5
　＝220

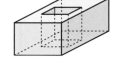

④大きな直方体から、点線の部分をひきます。
　10×20×10－10×6×3
　＝1820

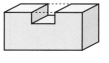

（別の解き方）

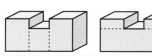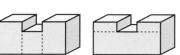

ぴったり1 準備 　**10** ページ

1 (1)6、72
　(2)3、27
2 ①26　②26　③2288　④2288

ぴったり2 練習 　**11** ページ　　　　　　　　てびき

1 ①144 m³　②125 m³

2 ①4000000　②20

3 ①たて…20 cm、横…25 cm、深さ…30 cm
　②15000 cm³

4 ①6000　②80　③750　④50
　⑤3000　⑥95

1 ①直方体の体積＝たて×横×高さ
　　6×4×6＝144　　　　　　144 m³
　②立方体の体積＝1辺×1辺×1辺
　　5×5×5＝125　　　　　　125 m³

2 1辺が1mの立方体の体積は、1m＝100 cmだから、100×100×100＝1000000で、1000000 cm³ です。
　1m³＝1000000 cm³ であることから考えます。

3 ①板の厚さを考えて求めます。
　　たて　22－1×2＝20　　　　　20 cm
　　横　　27－1×2＝25　　　　　25 cm
　　深さ　31－1＝30　　　　　　30 cm
　②20×25×30＝15000　　　15000 cm³

4 ①②1L＝1000 cm³　③④1 cm³＝1 mL
　⑤⑥1 m³＝1000 L

❶ 24 cm³

❷ ①7000000　②5000
　③15000　④300

❸ ①式　6×8×4＝192　　　答え　192 cm³
　②式　4×4×4＝64　　　　答え　64 m³
　③式　12×10×13＝1560
　　　　　　　　　　　　答え　1560 cm³
　④式　7×25×4＝700　　答え　700 cm³

❹ ①式　8×5×2＋8×11×4＝432
　　　　　　　　　　　　答え　432 cm³
　②式　10×10×4−6×6×4＝256
　　　　　　　　　　　　答え　256 cm³
　③式　1×8×6−1×4×2＝40
　　　　　　　　　　　　答え　40 m³
　④式　3×3×2＝18　　　答え　18 m³

❺ 式　25×16×10＝4000　答え　4000 cm³

❻ ①式　25×20×10＝5000
　　　　　　　　　　　　答え　5000 cm³
　②式　25×20＝500
　　　　1000÷500＝2　　答え　2 cm

❶ 1 cm³ の積み木が、1だんめはたてに2個、横に5個ならんでいて、それが2だんあるので、2×5×2＝20で、20個あります。また、3だんめにはたてに2個、横に2個ならんでいるので、2×2＝4で、4個あります。
よって、体積は 20＋4＝24 で、24 cm³

❷ ①1 m³＝1000000 cm³　②1 m³＝1000 L
　③1 L＝1000 cm³　　　④1 mL＝1 cm³

❸ 直方体の体積＝たて×横×高さ
　立方体の体積＝1辺×1辺×1辺

❹ ①横の線で、2つの直方体に分けて、その和を求めます。
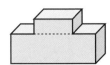

　（別の解き方）

　②大きな直方体から、点線の部分をひきます。

　（別の解き方）　3つの直方体に分けて、その和を求めます。
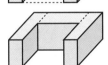

　③大きな直方体から、あなの部分をひきます。
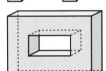

　④3だんめを2だんめに動かして、直方体にします。
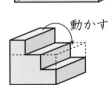

　（別の解き方）

❺ 展開図を組み立てると、右のような直方体ができます。
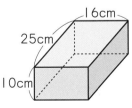
16cm
25cm
10cm

❻ ②1 L＝1000 cm³ です。
水の深さを□ cm とすると、水の体積について
25×20×□＝1000
という式がつくれます。

③ 2つの量の変わり方

ぴったり1 準備 14ページ

1 2、3、します

ぴったり2 練習 15ページ

てびき

1 ①
使った量□(L)	1	2	3	4	5
残りの量△(L)	5	4	3	2	1

（比例していない）

②
1辺の長さ□(cm)	1	2	3	4	5
まわりの長さ△(cm)	3	6	9	12	15

（比例している）

③
たての長さ□(cm)	1	2	3	4	5
面積△(cm²)	8	16	24	32	40

（比例している）

2 ①2倍、3倍、…になる。
②2×□=△　③18cm

1 □が2倍、3倍、…になると、それに対応する△も2倍、3倍、…になるとき、△は□に比例するといいます。式に表すと　数×□=△　となります。
②と③は、□が2倍、3倍、…になると、△も2倍、3倍、…になっているので、これらは2つの量が比例しているといえます。

2 ①2つの量は比例しています。
③②の式に、□=9をあてはめます。
2×9=18

ぴったり1 準備 16ページ

1 (1)①24　②25　③26　(2)2
2 (1)2、2　(2)21

ぴったり2 練習 17ページ

てびき

1 ①
ビー玉の個数□(個)	1	2	3	4	5
全体の重さ△(g)	70	90	110	130	150

②50+20×□=△
または、(70+20×(□−1)=△)
③410g

2 5+4×(□−1)=△
(1+4×□=△)

3 ①6+2×(□−1)=△
(4+2×□=△)
②20人

1 ②箱の重さ+ビー玉の重さ=全体の重さ
だから、50+20×□=△　という式で表せます。
③②の式に□=18をあてはめます。
50+20×18=410で、410gです。

2 表にかいて、どんな関係にあるかを調べます。

五角形の数□(個)	1	2	3	4	5
ぼうの数△(本)	5	9	13	17	21

表を横に見ると、五角形の数□個が1増えるとぼうの数△本は4増えているので、
5+4×(□−1)=△　という式で表せます。

3 ①表にかいて、どんな関係にあるかを調べます。

つくえの数□(個)	1	2	3	4	5
すわれる人の数△(人)	6	8	10	12	14

表を横に見ると、つくえの数□個が1増えるとすわれる人の数△人は2増えているので、
6+2×(□−1)=△　という式で表せます。
②①の式に□=8をあてはめます。
6+2×(8−1)=20で、20人です。

❶ ①

くぎの本数□(本)	1	2	3	4	5
重さ△(g)	4	8	12	16	20

（比例している）

②

おかしの個数□(個)	1	2	3	4	5
代金△(円)	110	170	230	290	350

（比例していない）

③

姉のまい数□(まい)	1	2	3	4	5
妹のまい数△(まい)	19	18	17	16	15

（比例していない）

❷ ①

おかしの個数(個)	1	2	3	4	5
代金(円)	30	60	90	120	150

②2倍、3倍、…になる。
③$30×□=△$

❸ ①

糸の長さ(cm)	200	210	220	230	240	250
糸電話の長さ(cm)	216	226	236	246	256	266

②10cmずつ増える。
③$□+16=△$
　$(16+□=△)$

❹ ①$4+3×(□-1)=△$
　　$(3×□+1=△)$
②22cm²
③8まい

❶ □が2倍、3倍、…になると、△も2倍、3倍、…になっているものが比例しているものです。
□と△の関係を式に表すと、
①$4×□=△$
②$50+60×□=△$
③$20-□=△$

❷ 2つの量は比例しています。
③おかしは1個30円だから、ことばの式に表すと、
30×おかしの個数＝代金

❸ ①糸の長さ＋紙コップ2個の長さ＝糸電話の長さ
の式になることから、糸の長さと糸電話の長さの関係を、表にまとめます。
②表を横に見ると、糸の長さが10cmずつ増えると、それにともなって糸電話の長さも10cmずつ増えていることがわかります。

❹ ①表を横に見ると、正方形の数□まいが1増えると、図形の面積△cm²は3増えているので、
$4+3×(□-1)=△$という式で表せます。
（別の解き方）◆の形に、◇の形が1つ
（3cm²）　（1cm²）
つくと考えると、$3×□+1=△$　という式でも表せます。

②①の式に□＝7をあてはめます。
$4+3×(7-1)=22$で、22cm²です。
③①の式に△＝25をあてはめます。
$4+3×(□-1)=25$
$3×(□-1)=21$
$□-1=7$
$□=8$で、8まいです。

4 小数のかけ算

1 ①3.5　②35　③210　④10　⑤210
2 (1)36　(2)480

❶ ①70×2.8
②7円
③196円

❷ ①10
②10
③37
④26

❸ ①15　②42　③16
④320　⑤630　⑥10

❶ ①ことばの式に表すと、

| 1mのねだん×長さ＝代金 |

②70÷10＝7で、0.1mの代金は7円です。
③2.8mは、0.1mの28個分です。
　0.1mの代金は7円なので、7×28＝196で、
　2.8mの代金は196円です。

❷ ①40×1.5の計算の答えは、40×15÷10＝60
②700×6.2の計算の答えは、
　700×62÷10＝4340
③50×3.7の計算の答えは、
　50×37÷10＝185
④300×2.6の計算の答えは、
　300×26÷10＝780

❸ ①30×0.5＝30×5÷10＝15
②60×0.7＝60×7÷10＝42
③80×0.2＝80×2÷10＝16
④400×0.8＝400×8÷10＝320
⑤700×0.9＝700×9÷10＝630
⑥100×0.1＝100×1÷10＝10

１ 10、100、10.26
２ 3、12、11.61
３ (1)28.32　(2)5.698

❶ ①100　②35

❷ ①積の見当…14、14.28
②積の見当…8、6.65

❸ ①83.2　②83.2　③8.32

❹ ①15.66　②3.45　③15.96

❶ 小数×小数の計算は、かける数もかけられる数も
整数になおして計算し、その積を100などでわり
ます。

❷ ①7×2＝14　　　②2×4＝8

```
    6.8 …1けた        1.9 …1けた
  × 2.1 …1けた      × 3.5 …1けた
    6 8               9 5
  1 3 6             5 7
  1 4.2 8 …2けた    6.6 5 …2けた
```

❸ ①64×1.3＝64×13÷10の計算になるから、
　832の小数点を左へ1けた移します。
②6.4×13＝64×13÷10の計算になるから、
　832の小数点を左へ1けた移します。
③6.4×1.3＝64×13÷100の計算になるから、
　832の小数点を左へ2けた移します。

❹
```
①    5.8      ②    2.3      ③    4.2
    × 2.7          × 1.5          × 3.8
    4 0 6          1 1 5          3 3 6
  1 1 6            2 3          1 2 6
  1 5.6 6          3.4 5        1 5.9 6
```

⑤ ①4.368　②1.786　③2.169
　④10.658　⑤2.325　⑥2.652

⑤
①
```
  1.56
× 2.8
─────
 1248
 312
─────
4.368
```
②
```
  0.38
× 4.7
─────
 266
 152
─────
1.786
```
③
```
  2.41
× 0.9
─────
2.169
```
④
```
   7.3
×1.46
─────
 438
 292
 73
──────
10.658
```
⑤
```
   2.5
×0.93
─────
  75
 225
─────
2.325
```
⑥
```
   3.4
×0.78
─────
 272
 238
─────
2.652
```

ぴったり1 準備　24ページ

1 (1)1.61　(2)0.95
2 あ、あ

ぴったり2 練習　25ページ　　てびき

① ①16.8　②3.15　③15.6
　④14　⑤39　⑥36

①
①
```
  4.8
×3.5
────
 240
 144
─────
16.8̶0̶
```
②
```
  0.42
× 7.5
─────
 210
 294
──────
3.15̶0̶
```
③
```
   24
×0.65
─────
 120
 144
─────
15.6̶0̶
```
④
```
  5.6
×2.5
────
 280
 112
──────
14.0̶0̶
```
⑤
```
  32.5
×  1.2
──────
  650
 325
──────
39.0̶0̶
```
⑥
```
   80
×0.45
─────
 400
 320
──────
36.0̶0̶
```

② ①0.648　②0.928　③0.336
　④0.0364　⑤0.161　⑥0.093

②
①
```
  0.18
× 3.6
─────
 108
 54
─────
0.648
```
②
```
  2.9
×0.32
─────
  58
 87
─────
0.928
```
③
```
   0.7
×0.48
─────
  56
 28
─────
0.336
```
④
```
  0.13
×0.28
─────
 104
 26
──────
0.0364
```
⑤
```
  0.35
×0.46
─────
 210
 140
──────
0.161̶0̶
```
⑥
```
  0.62
×0.15
─────
 310
 62
──────
0.093̶0̶
```

③ い、え

③ かける数が1より小さい数のとき、積はかけられる
　数の5.9より小さくなります。

ぴったり1 準備　26ページ

1 (1)14.7　(2)0.8、3.12
2 (1)4、10　(2)5.1、10

ぴったり2 練習　27ページ　　てびき

① ①14.56 cm²
　②0.49 m²

① ①長方形の面積＝たて×横
　　2.8×5.2＝14.56　　　　　　14.56 cm²
　②正方形の面積＝1辺×1辺
　　0.7×0.7＝0.49　　　　　　　0.49 m²

② ①86.4 cm³
　②1.728 ㎥

③ ①73　②84

④ ①1.4　②68
　③2.97　④59.4

② ①直方体の体積＝たて×横×高さ
　　4.5×6×3.2＝86.4　　　　　　　86.4 cm³
　②立方体の体積＝１辺×１辺×１辺
　　1.2×1.2×1.2＝1.728　　　　　　1.728 ㎥

③ ①2×7.3×5＝(2×5)×7.3
　　　　　　＝10×7.3＝73
　②4.2×8×2.5＝4.2×(8×2.5)
　　　　　　＝4.2×20＝84

④ ①1.6×0.7＋0.4×0.7＝(1.6＋0.4)×0.7
　　　　　　　　　　＝2×0.7＝1.4
　②2.8×34－0.8×34＝(2.8－0.8)×34
　　　　　　　　　　＝2×34＝68
　③2.7×1.1＝2.7×(1＋0.1)
　　　　　　＝2.7×1＋2.7×0.1
　　　　　　＝2.7＋0.27＝2.97
　④9.9×6＝(10－0.1)×6
　　　　　＝10×6－0.1×6
　　　　　＝60－0.6＝59.4

ぴったり3　確かめのテスト　28〜29ページ　　　　　　**てびき**

❶ ①10　②100

❷ ①239.2　②23.92　③239.2

❸ ⟨い⟩、⟨う⟩、⟨え⟩、⟨く⟩

❹ ①17.92　②25.42　③5.166
　④1.976　⑤31.2　⑥37.1
　⑦4.05　⑧0.36　⑨0.2346

❶ ①かける数を10倍しているので、10でわります。
　②かける数とかけられる数を10倍しているので、
　　100でわります。

❷ ①46×5.2＝46×52÷10の計算になるから、
　　2392の小数点を左へ１けた移します。
　②4.6×5.2＝46×52÷100の計算になるから、
　　2392の小数点を左へ２けた移します。
　③4.6×52＝46×52÷10の計算になるから、
　　2392の小数点を左へ１けた移します。

❸ かける数が１より小さい式を選びます。
　１より小さい数をかけると、積はかけられる数より
　小さくなります。

❹
```
①    5.6      ②    3.1      ③   1.23
    ×3.2          ×8.2          ×  4.2
 ─────         ─────         ──────
  1 1 2           6 2           2 4 6
 1 6 8         2 4 8         4 9 2
 ─────         ─────         ──────
 1 7.9 2       2 5.4 2        5.1 6 6

④    5.2      ⑤    6.5      ⑥    7 0
   ×0.38          ×4.8          ×0.5 3
 ─────         ─────         ──────
  4 1 6           5 2 0          2 1 0
 1 5 6         2 6 0          3 5 0
 ─────         ─────         ──────
 1.9 7 6       3 1.2 ⓪        3 7.1 ⓪

⑦   0.75      ⑧    0.8      ⑨   0.34
   ×  5.4          ×0.45          ×0.69
 ─────         ─────         ──────
  3 0 0            4 0            3 0 6
 3 7 5            3 2          2 0 4
 ─────         ─────         ──────
 4.0 5 ⓪       0.3 6 ⓪        0.2 3 4 6
```

⑤　①　　2.8　　　　②　　0.6　　　　③　　　0.15
　　　×3.4　　　　　×7.5　　　　　　×0.58
　　　─────　　　　─────　　　　　──────
　　　1 1 2　　　　　3 0　　　　　　1 2 0
　　　8 4　　　　　4 2　　　　　　　　7 5
　　　─────　　　　─────　　　　　──────
　　　9.5 2　　　　4.5 0　　　　　0.0 8 7 0

⑥　①式　4.6×10.3＝47.38　　答え　47.38 cm²
　　②式　0.9×2.4×0.7＝1.512
　　　　　　　　　　　　　　答え　1.512 ㎥

⑦　①6　②1.7
　　③3　④17.64

⑧　式　3.6×4.5＝16.2　　　　答え　16.2 kg

⑤　①かけられる数の小数部分は1けた、かける数の小
　　数部分は1けたなので、積の小数部分は2けたに
　　なります。
　　②かけられる数の小数部分は1けた、かける数の小
　　数部分は1けたなので、積の小数部分は2けたに
　　なります。また、積の最後の0は消します。
　　③かけられる数の小数部分は2けた、かける数の小
　　数部分は2けたなので、積の小数部分は4けたに
　　なります。位の数字がないところは、0をおぎな
　　います。また、積の最後の0は消します。

⑥　①長方形の面積＝たて×横
　　②直方体の体積＝たて×横×高さ

⑦　①2.5×0.3×8＝(2.5×8)×0.3
　　　　　　　　＝20×0.3＝6
　　②17×0.2×0.5＝17×(0.2×0.5)
　　　　　　　　＝17×0.1＝1.7
　　③0.9×0.6＋4.1×0.6＝(0.9＋4.1)×0.6
　　　　　　　　　　　＝5×0.6＝3
　　④49×0.36＝(50－1)×0.36
　　　　　　　＝50×0.36－1×0.36
　　　　　　　＝18－0.36＝17.64

⑧　1 mの重さ×長さ＝重さ

⑤　小数のわり算

❶　①1.8　②18　③50　④18　⑤50
❷　(1)120　(2)210

てびき

❶　①156÷2.6
　　②6円
　　③60円

❷　①480
　　②8100
　　③35
　　④18

❶　①代金÷長さ＝1 mのねだん
　　②156÷26＝6で、0.1 mの代金は6円です。
　　③1 mは、0.1 mの10個分です。
　　　0.1 mの代金は6円なので、6×10＝60で、
　　　1 mの代金は60円です。

❷　わる数を10倍しているので、わられる数も10倍
　　します。
　　①48÷1.6の計算の答えは、
　　　48÷1.6＝480÷16＝30
　　②810÷2.7の計算の答えは、
　　　810÷2.7＝8100÷27＝300
　　③70÷3.5の計算の答えは、
　　　70÷3.5＝700÷35＝20
　　④900÷1.8の計算の答えは、
　　　900÷1.8＝9000÷18＝500

①200 ②100 ③80
④50 ⑤40 ⑥85

①$60÷0.3=600÷3=200$
②$70÷0.7=700÷7=100$
③$40÷0.5=400÷5=80$
④$45÷0.9=450÷9=50$
⑤$24÷0.6=240÷6=40$
⑥$68÷0.8=680÷8=85$

ぴったり1 準備　32ページ

1　3、3、3.2
2　(1)5　(2)5
3　(1)5　(2)4

ぴったり2 練習　33ページ　てびき

1　①商の見当…2、2.1　②商の見当…20、19
　③商の見当…30、29　④商の見当…3、2.8

1　①$10÷5=2$

```
          2.1
  4,7) 9.8.7
       9 4
        4 7
        4 7
           0
```

②$40÷2=20$

```
          1 9
  2,2) 4 1.8
       2 2
       1 9 8
       1 9 8
             0
```

③$90÷3=30$

```
          2 9
  3,1) 8 9.9
       6 2
       2 7 9
       2 7 9
             0
```

④$3÷1=3$

```
           2.8
  0,9) 2.5.2
       1 8
         7 2
         7 2
            0
```

2　①2.4　②24　③7

2　①
```
            2.4
  0,38) 0.9 1.2
        7 6
        1 5 2
        1 5 2
              0
```
②
```
           2 4
  0,23) 5.5 2
        4 6
          9 2
          9 2
             0
```
③
```
            7
  0,45) 3.1 5
        3 1 5
            0
```

3　①15　②45　③5.4
　④16　⑤3.5　⑥52.5

3　①
```
           1 5
  0,28) 4.2 0
        2 8
        1 4 0
        1 4 0
             0
```
②
```
           4 5
  0,08) 3.6 0
        3 2
          4 0
          4 0
             0
```
③
```
            5.4
  2,5) 1 3.5
       1 2 5
         1 0 0
         1 0 0
               0
```
④
```
            1 6
  0,75) 1 2.0 0
        7 5
        4 5 0
        4 5 0
              0
```
⑤
```
            3.5
  0,32) 1.1 2
        9 6
        1 6 0
        1 6 0
              0
```
⑥
```
             5 2.5
  0,18) 9.4 5
        9 0
          4 5
          3 6
            9 0
            9 0
               0
```

4　①0.6　②0.75　③0.44

4　①
```
            0.6
  3,5) 2.1.0
       2 1 0
             0
```
②
```
            0.75
  2,6) 1.9.5
       1 8 2
         1 3 0
         1 3 0
               0
```
③
```
             0.44
  0,85) 0.3 7.4
        3 4 0
          3 4 0
          3 4 0
                0
```

1 ①

2 ①9　②0.07　③0.07　④3.22

3 3、1.8

1 ①、⑰

2 ①2あまり0.3、　2.4×2+0.3=5.1
②3あまり0.2、　3.2×3+0.2=9.8
③7あまり0.9、　1.6×7+0.9=12.1
④13あまり0.2、　0.6×13+0.2=8
⑤8あまり1.8、　2.9×8+1.8=25
⑥6あまり0.07、　0.38×6+0.07=2.35

3 ①約2.3　②約0.61　③約2.3

4 式　2.5÷3=0.833…　　　答え　約0.83kg

1 商がわられる数よりも小さくなるのは、わる数が1より大きいときです。

2 商を整数だけにするとは、一の位までの計算をして、あまりを求めることです。答えの確かめは、次の式にあてはめます。

わられる数＝わる数×商＋あまり

$$
\begin{array}{r}
2 \\
2.4\,\overline{)\,5.1} \\
4\,8 \\
\hline
0.3
\end{array}
\quad
\begin{array}{r}
3 \\
3.2\,\overline{)\,9.8} \\
9\,6 \\
\hline
0.2
\end{array}
\quad
\begin{array}{r}
7 \\
1.6\,\overline{)\,12.1} \\
11\,2 \\
\hline
0.9
\end{array}
$$

$$
\begin{array}{r}
13 \\
0.6\,\overline{)\,8.0} \\
6 \\
\hline
2\,0 \\
1\,8 \\
\hline
0.2
\end{array}
\quad
\begin{array}{r}
8 \\
2.9\,\overline{)\,25.0} \\
23\,2 \\
\hline
1.8
\end{array}
\quad
\begin{array}{r}
6 \\
0.38\,\overline{)\,2.35} \\
2\,28 \\
\hline
0.07
\end{array}
$$

3
$$
\begin{array}{r}
2.25 \\
3.5\,\overline{)\,7.9} \\
70 \\
\hline
90 \\
70 \\
\hline
200 \\
175 \\
\hline
25
\end{array}
\quad
\begin{array}{r}
0.608 \\
4.6\,\overline{)\,2.8.0} \\
276 \\
\hline
400 \\
368 \\
\hline
32
\end{array}
$$

③
$$
\begin{array}{r}
2.34 \\
2.4\,\overline{)\,5.6.2} \\
48 \\
\hline
82 \\
72 \\
\hline
100 \\
96 \\
\hline
4
\end{array}
$$

4 上から2けたのがい数なので、上から3けためを四捨五入します。このとき、数字のはじめにつく0は、上からのけた数には数えないので注意しましょう。

2.5÷3=0.833…
けた数にははいらない↗　↖上から1けため

1 ⑤、⑦、⑤

2 ①210
②2.1

1 1より小さい数でわると、商はわられる数より大きくなるから、わる数が1より小さい数になっている式を選びます。

2 ①378÷1.8=3780÷18の計算になるから、21の小数点を右へ1けた移します。
②3.78÷1.8=378÷180の計算になります。

❸ ①4.5 ②1.3 ③6.5
　④2.5 ⑤2.45 ⑥33.5
　⑦8 ⑧0.24 ⑨0.825

❹ ①4あまり0.3 ②5あまり3.1
　③16あまり0.4

❺ ①約5.2 ②約2.5 ③約0.59

❻ 式　520÷0.65＝800　　　　　答え　800g

❼ 式　25÷1.5＝16あまり1
　　　　　　答え　16個できて、1Lあまる。

❽ 式　81÷10.8＝7.5
　　　　7.5÷10.8＝0.694…　答え　約0.69倍

---

❸ わる数の小数点を右に移して整数になおし、わられる数の小数点も同じ数だけ右に移して計算します。

①
```
        4.5
1,2)  5.4
      48
       60
       60
        0
```
②
```
        1.3
2,4)  3,1.2
      24
       72
       72
        0
```
③
```
        6.5
3,6)  2 3,4
      216
       180
       180
         0
```

④
```
        2.5
4,8)  1 2.0
      96
       240
       240
         0
```
⑤
```
        2.45
0,6)  1,4.7
      12
       27
       24
        30
        30
         0
```
⑥
```
       33.5
1,4)  4 6,9
      42
       49
       42
        70
        70
         0
```

⑦
```
        8
0,24) 1,92
      192
        0
```
⑧
```
        0.24
4,5)  1,0.8
      90
       180
       180
         0
```
⑨
```
        0.825
7,2)  5,9.4
      576
       180
       144
        360
        360
          0
```

❹ あまりの小数点は、わられる数のもとの小数点にそろえてうちます。

①
```
        4
1,9)  7,9
      76
      0.3
```
②
```
        5
6,4)  3 5,1
      320
      3.1
```
③
```
       16
2,6)  4 2,0
      26
       160
       156
       0.4
```

❺ 上から3けためまで計算して、3けためを四捨五入します。

①
```
        2  6
1,8)  9,3
      90
       30
       18
       120
       108
        12
```
②
```
        5  5
3,5)  8,5.9
      70
       159
       140
       190
       175
        15
```
③
```
        0.593
9,1)  5,4.0
      455
       850
       819
       310
       273
        37
```

❻ 1Lの重さを□gとすると、
　□×0.65＝520
　□＝520÷0.65＝800　800g

❼ パックの個数は整数だから、商は整数で求めて、あまりをだします。

❽ たて×横＝長方形の面積　より、横の長さを□mとすると、
　10.8×□＝81
　□＝81÷10.8＝7.5で、7.5mです。
　もとにする大きさがたての長さです。

6 図形の合同と角

ぴったり1 準備 38ページ

1 ①あ ②か ③う ④お （①と②、③と④は順不同）

2 (1)H (2)HG (3)E

ぴったり2 練習 39ページ
てびき

1 うとか

2 ①辺EF…3.8cm、辺FG…2.7cm
　　辺GH…4.2cm、辺HE…6.3cm
　②角E…60°、　角F…135°
　　角G…100°、角H…65°

3 ①三角形ADC（三角形CDA）
　②三角形CBD（三角形CDB）
　③三角形ADE、三角形CBE、三角形CDE

1 ぴったり重ねあわせることができる2つの図形が合同です。うら返して重ねあわせることができる2つの図形も合同です。

2 合同な図形では、対応する辺の長さは等しく、対応する角の大きさも等しくなっています。
2つの四角形を重ねあわせて、重なりあう辺、角を見つけます。

3 合同な図形をA、B、…のような記号を使ってかくときは、対応する頂点の順にかきます。

ぴったり1 準備 40ページ

1 (1) 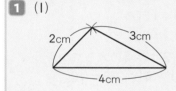　(2) 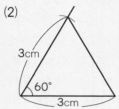　(3)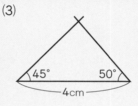

ぴったり2 練習 41ページ
てびき

1 ① 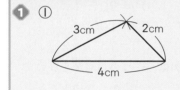　②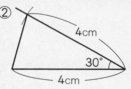

③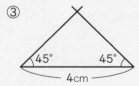

2 ①(例)　②(例)
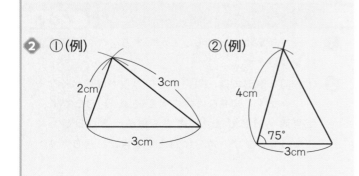

1 ①⑦定規で4cmの辺をかきます。
　　④⑦でかいた4cmの辺の1つのはしを中心にして、コンパスで半径3cmの円をかきます。
　　⑨⑦でかいた4cmの辺のもう一方のはしを中心にして、コンパスで半径2cmの円をかきます。
　　⑤④と⑨の円が交わった点と、⑦の4cmの辺の2つのはしを結びます。
　②⑦定規で4cmの辺をかきます。
　　④⑦でかいた4cmの辺の1つのはしに、分度器で30°の大きさの角をかきます。
　　⑨④でかいた30°の角の頂点を中心にして、コンパスで半径4cmの円をかきます。
　　⑤④と⑨の交わった点と、⑦の4cmの辺のもう一方のはしを結びます。
　③⑦定規で4cmの辺をかきます。
　　④⑦でかいた4cmの辺の一方のはしに、分度器で45°の大きさの角をかきます。
　　⑨⑦でかいた4cmの辺のもう一方のはしに、④でかいた角と同じ側に、分度器で45°の大きさの角をかきます。

③（例）

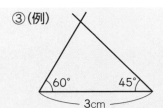

③ かき方1　AB（BA）
　　かき方2　⑦
　　かき方3　④、AD（DA）

③ 合同な三角形をかくには、3つの方法があります。
　　かき方1　三角形の3つの辺の長さをはかる方法です。
　　かき方2　三角形の1つの辺の長さとその両はしの角の大きさをはかる方法です。
　　かき方3　三角形の2つの辺の長さとその間の角の大きさをはかる方法です。

ぴったり1　準備　42ページ

1　(1)180、80　(2)180、75
2　①85　②87　③93　④95　（①②③は順不同）
3　3、3、540

ぴったり2　練習　43ページ　**てびき**

1　①80°　②100°　③30°

2　①70°　②70°　③50°

3　①90°　②100°　③75°

4　①六角形、角の和…720°
　　②七角形、角の和…900°

1　①180°−（70°＋30°）＝80°
　　②180°−（55°＋25°）＝100°
　　③180°−（130°＋20°）＝30°

2　①二等辺三角形では、2つの角の大きさが等しくなっています。（180°−40°）÷2＝70°
　　②180°−130°＝50°
　　　④の角度は、180°−（60°＋50°）＝70°
　　③180°−（40°＋90°）＝50°

3　①360°−（70°＋80°＋120°）＝90°
　　②360°−（80°＋130°＋50°）＝100°
　　③360°−（85°＋90°＋110°）＝75°

4　多角形の角の大きさの和は、1つの頂点からひいた対角線で分けてできる三角形の数から求めます。

①　　②　

①三角形が4つできるから、180°×4＝720°
②三角形が5つできるから、180°×5＝900°

ぴったり3　確かめのテスト　44〜45ページ　**てびき**

1　⑤と⑧、⑩と⑰、⑰と⑳

2　①3cm
　　②103°

1　ぴったり重ねあわせることができる2つの図形を3組見つけます。

2　①合同な図形では、対応する辺の長さは等しくなっています。辺FGに対応する辺は、辺DCです。
　　②合同な図形では、対応する角の大きさは等しくなっています。角Hに対応する角は、角Bです。

❸ ①
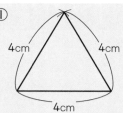

②
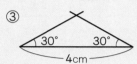

③

④ ①45° ②35° ③22°

⑤ ①85° ②50° ③40°

⑥ ①130° ②80° ③40°

⑦ 20°

⑧ 156°

❸ ①⑦定規で4cmの辺をかきます。

　⑦⑦の4cmの辺の両はしを中心にして、コンパスで半径4cmの円をそれぞれかきます。

　⑦⑦でかいた2つの円の交わった点と、⑦の4cmの辺の両はしを結びます。

②⑦定規で3cmの辺をかきます。

　⑦⑦でかいた3cmの辺の一方のはしに、分度器で70°の大きさの角をかきます。

　⑦⑦でかいた70°の角の頂点を中心にして、コンパスで半径2cmの円をかきます。

　⑦⑦でとった点と、⑦でかいた3cmの辺のもう一方のはしを結びます。

③⑦定規で4cmの辺をかきます。

　⑦⑦でかいた4cmの辺の一方のはしに、分度器で30°の大きさの角をかきます。

　⑦⑦でかいた4cmの辺のもう一方のはしに、⑦でかいた角と同じ側に、分度器で30°の大きさの角をかきます。

④ ①180°−(65°+70°)=45°
②180°−(55°+90°)=35°
③180°−(28°+130°)=22°

⑤ 右の図のように、三角形の2つの角の大きさの和は、残りの角の外側の角の大きさに等しくなっていることを使って求めます。

⑰＋㋖＝㋗
①125°−40°=85°　　②90°−40°=50°
③10°+30°=40°

⑥ 四角形の4つの角の大きさの和は、360°です。
①360°−(85°+70°+75°)=130°
②360°−(90°+120°+70°)=80°
③まず、内側の角の大きさを求めます。
　180°−65°=115°　　180°−100°=80°
　360°−(115°+80°+125°)=40°

⑦ 三角形ABCが二等辺三角形だから、角Aと角Cの大きさは等しくなります。角Aと角Cの大きさの和は40°だから、角Cの大きさは、40°÷2=20°となります。

⑧ 六角形の6つの角の大きさは、180°×4=720°
720°−(117°+83°+114°+140°+110°)
　　=156°

❼ 整数の性質

ぴったり1 準備 **46**ページ

❶ (1)3 (2)7
❷ ①36 ②404 ③882 ④900
　⑤71 ⑥125 ⑦259 ⑧693

ぴったり2 練習 47ページ

てびき

❶ ①1 ②3
③9 ④13
⑤17 ⑥21
⑦50 ⑧155

❷ ①0、2、4、6、8
②1、3、5、7、9

❸ 偶数…0、8、32、74、86、3872
奇数…7、19、69、93、291、69875

❶ 整数は、2でわりきれる数の仲間と、2でわるとあまりが1になる数の仲間に分けることができます。2でわりきれる数を偶数（ぐうすう）、2でわるとあまりが1になる数を奇数（きすう）といいます。

❷ ①一の位の数字が0、2、4、6、8の整数は、2でわりきれるので偶数です。
②一の位の数字が1、3、5、7、9の整数は、2でわるとあまりが1になるので、奇数です。

❸ 一の位の数字が0、2、4、6、8ならば偶数、一の位の数字が1、3、5、7、9ならば奇数です。

ぴったり1 準備 48ページ

1 ①40 ②48 ③56 ④40 ⑤48 ⑥56
2 (1)30、60 (2)30

ぴったり2 練習 49ページ

てびき

❶ ①4、8、12、16 ②5、10、15、20
③12、24、36、48 ④14、28、42、56

❷ ①10、20、30 ②21、42、63
③20、40、60 ④12、24、36

❸ ①40 ②36

❹ ①30 ②60

❶ 整数□の倍数は、小さいほうから順に、
□×1、□×2、□×3、□×4、…
として求めていきます。

❷ ①5の倍数のうち、2の倍数に○をつけると、
5、⑩、15、⑳、25、…のようになり、
5と2の公倍数は、10、20、…となります。
②7の倍数のうち、3の倍数に○をつけると、
7、14、㉑、28、35、㊷、…となり、
公倍数は21、42、…となります。
③10の倍数のうち、4の倍数に○をつけると、
10、⑳、30、㊵、50、(60)、…となり、
公倍数は、20、40、60、…となります。
④12は6の倍数なので、6と12の公倍数は12の倍数となり、12、24、36、…となります。

❸ ①8の倍数のうち、1つめの5の倍数は、
8、16、24、32、㊵、…
なので、最小公倍数は40。
②12の倍数のうち、1つめの9の倍数は、
12、24、㊱、…
なので、最小公倍数は36。

❹ まず、はじめの2つの数の最小公倍数を求め、次にその数と3つめの数の最小公倍数を求めます。
①まず、2と3の最小公倍数を求めると、
3、⑥、9、…より6。
次にこの6と5の最小公倍数を求めると、
6、12、18、24、㉚、…より30。
②まず、4と5の最小公倍数を求めると、
5、10、15、⑳、…より20。
次にこの20と6の最小公倍数を求めると、
20、40、(60)、…より60。

⑤ 12 cm

⑤ 正方形の1辺の長さは、3と4の公倍数になります。いちばん小さい正方形をつくるので、1辺の長さは、3と4の最小公倍数で、12cmになります。

1 ①8 ②4 ③2 ④4 ⑤8
2 (1)①3 ②4 ③3 ④6 ⑤3 ⑥6
　(2)6

1 ①1、17
　②1、2、3、4、6、8、12、24
　③1、2、4、7、14、28
　④1、2、4、8、16、32

1 ある数をわりきることのできる整数を、その数の約数といいます。わりきることができるときは、その商も約数です。
　①17÷1＝17で、1と17が約数です。
　　また、ある数を2つの整数の積で表すと、その2つの数は約数になります。
　②1×24、2×12、3×8、4×6で、1、2、3、4、6、8、12、24が約数です。
　③1×28、2×14、4×7で、1、2、4、7、14、28が約数です。
　④1×32、2×16、4×8で、1、2、4、8、16、32が約数です。

2 ①1　　　　　　②1、2、4
　③1、2、3、6　④1、3、9

2 2つの数のうち、小さいほうの数の約数の中から、大きいほうの数の約数を見つけます。
　②16の約数の中から28の約数を見つけます。
　　　①、②、④、8、16
　③12の約数の中から30の約数を見つけます。
　　　①、②、③、4、⑥、12
　④9の約数の中から36の約数を見つけます。
　　　①、③、⑨

3 ①6　②3
　③6　④4

3 ①6の約数の中から、12の約数を見つけ、その中で最大のものが6と12の最大公約数です。
　　　①、②、③、⑥
　②12の約数の中から、15の約数を見つけ、その中で最大のものが、12と15の最大公約数です。
　　　①、2、③、4、6、12
　③18の約数の中から、24の約数を見つけ、その中で最大のものが、18と24の最大公約数です。
　　　①、②、③、⑥、9、18
　④20の約数の中から、32の約数を見つけ、その中で最大のものが、20と32の最大公約数です。
　　　①、②、④、5、10、20

4 12人

4 あまりが出ないように分ける子どもの人数は、36と24の公約数になります。できるだけ多くの子どもに分けるには、最大公約数にすればよいので、12人になります。

❶ 偶数…6、10、572、3814、7352
奇数…1、29、85、403、967

❷ 27、54、63、81、90

❸ ①1、2、4、8
②1、13
③1、2、3、4、6、9、12、18、36
④1、2、3、4、6、8、12、16、24、48

❹ ①18、36、54
②24、48、72
③5、10、15
④12、24、36

❺ ①36　②48

❻ ①1、2、3、6　②1、2、5、10

❼ ①5　②8

❽ 6つ

❾ ①午前9時28分
②3回

---

❶ 偶数か奇数かは、一の位の数字で見分けられます。一の位の数字が0、2、4、6、8ならば偶数、一の位の数字が1、3、5、7、9ならば奇数です。

❷ 9に整数（0をのぞく）をかけてできる数が9の倍数で、9の倍数は、9×(整数)の式で表すことができます。
27、54、63、81、90は、それぞれ9×3、9×6、9×7、9×9、9×10と表せるので、9の倍数です。

❸ 全部かくので、もれのないようにします。2つの数の整数の積で約数を見つけると、
①1×8、2×4 →1、2、4、8の4個。
②1×13 →1、13の2個。
③1×36、2×18、3×12、4×9、6×6
→1、2、3、4、6、9、12、18、36の9個。
④1×48、2×24、3×16、4×12、6×8
→1、2、3、4、6、8、12、16、24、48の10個。

❹ ①6と9の最小公倍数は18だから、18の倍数を小さいほうから順に3つかきます。
②3と8の最小公倍数は24だから、24の倍数を小さいほうから順に3つかきます。

❺ ①18の倍数を小さいほうから順にかきだし、12でわりきれるいちばん小さい数を見つけます。
18、㊱、…
②16の倍数を小さいほうから順にかきだし、12でわりきれるいちばん小さい数を見つけます。
16、32、㊽、…

❻ ①6は18の約数なので、6の約数が6と18の公約数になります。
②10は40の約数なので、10の約数が10と40の公約数になります。

❼ ①15の約数の中から、20をわりきることができるいちばん大きい数を見つけます。
②56の約数の中から、64をわりきることができるいちばん大きい数を見つけます。

❽ あまりが出ないように分けるかごの数は、30と18の公約数になります。できるだけ多くのかごに分けるには、最大公約数にすればよいので、6つになります。

❾ ①4と7の最小公倍数は28だから、28分ごとに電車とバスが同時に発車します。
②午前9時から午前11時までの120分間だから、120÷28＝4あまり8で、午前9時をのぞくと4回同時に発車します。午前9時28分に同時に発車しているから、その後、午前11時までに3回同時に発車します。

8 分数のたし算とひき算

ぴったり1 準備 **54**ページ

1 (1)3、15　(2)4、5

2 3、$\frac{4}{5}$

3 12、12、12

ぴったり2 練習 **55**ページ　　　　　　　　　　　　　てびき

1 ①4、36　②9、16

2 ①$\frac{2}{5}$　②$\frac{6}{7}$

　　③$\frac{4}{7}$　④$\frac{1}{3}$

　　⑤1$\frac{3}{5}$　⑥2$\frac{5}{8}$

3 ①$\frac{2}{3} > \frac{4}{7}$

　　②$\frac{4}{5} < \frac{5}{6}$

　　③$\frac{2}{3} > \frac{2}{5}$

4 ①$\left(\frac{10}{45}, \frac{12}{45}\right)$　②$\left(\frac{12}{8}, \frac{5}{8}\right)$

　　③$\left(\frac{9}{24}, \frac{20}{24}\right)$　④$\left(\frac{15}{36}, \frac{10}{36}\right)$

5 $\frac{7}{12} < \frac{5}{8} < \frac{3}{4}$

1 分母と分子に同じ数をかけても、分母と分子を同じ数でわっても、分数の大きさは変わりません。

①$\frac{2}{9} = \frac{\square}{18} = \frac{8}{\square}$　②$\frac{18}{48} = \frac{\square}{24} = \frac{6}{\square}$

2 分母と分子を、それらの公約数でわっていきます。分母と分子の最大公約数でわると、一度で約分できます。

①$\frac{6}{15} = \frac{6÷3}{15÷3} = \frac{2}{5}$　②$\frac{18}{21} = \frac{18÷3}{21÷3} = \frac{6}{7}$

③$\frac{16}{28} = \frac{16÷4}{28÷4} = \frac{4}{7}$

④$\frac{12}{36} = \frac{12÷12}{36÷12} = \frac{1}{3}$

⑤$1\frac{6}{10} = 1\frac{6÷2}{10÷2} = 1\frac{3}{5}$

⑥$2\frac{15}{24} = 2\frac{15÷3}{24÷3} = 2\frac{5}{8}$

3 通分して分母の大きさをそろえ、分子の大きさで比べます。

①$\frac{2}{3} = \frac{14}{21}$、$\frac{4}{7} = \frac{12}{21}$ なので、$\frac{2}{3}$ のほうが大きい。

②$\frac{4}{5} = \frac{24}{30}$、$\frac{5}{6} = \frac{25}{30}$ なので、$\frac{5}{6}$ のほうが大きい。

③$\frac{2}{3} = \frac{10}{15}$、$\frac{2}{5} = \frac{6}{15}$ なので、$\frac{2}{3}$ のほうが大きい。

4 通分するときには、ふつう、それぞれの分母の最小公倍数を分母にします。

5 3つの分数を通分すると、$\frac{3}{4} = \frac{18}{24}$、$\frac{5}{8} = \frac{15}{24}$、$\frac{7}{12} = \frac{14}{24}$ なので、$\frac{3}{4}$ がいちばん大きく、$\frac{7}{12}$ がいちばん小さいです。

ぴったり1 準備 **56**ページ

1 (1)12、4、9　(2)6、3

2 しかた1　①7　②7　③35　④21　⑤56

　　しかた2　①5　②6　③11

❶ ① $\dfrac{9}{14}$　② $\dfrac{13}{40}$　③ $\dfrac{7}{18}$

❷ ① $1\dfrac{5}{21}\left(\dfrac{26}{21}\right)$　② $1\dfrac{13}{30}\left(\dfrac{43}{30}\right)$　③ $1\dfrac{7}{36}\left(\dfrac{43}{36}\right)$

④ $1\dfrac{3}{8}\left(\dfrac{11}{8}\right)$　⑤ $1\dfrac{1}{2}\left(\dfrac{3}{2}\right)$　⑥ $\dfrac{1}{2}$

⑦ $1\dfrac{1}{4}\left(\dfrac{5}{4}\right)$　⑧ $1\dfrac{1}{4}\left(\dfrac{5}{4}\right)$　⑨ $\dfrac{1}{2}$

❸ ① $3\dfrac{5}{6}\left(\dfrac{23}{6}\right)$　② $3\dfrac{4}{15}\left(\dfrac{49}{15}\right)$　③ $4\dfrac{11}{12}\left(\dfrac{59}{12}\right)$

④ $4\dfrac{8}{15}\left(\dfrac{68}{15}\right)$　⑤ $2\dfrac{5}{6}\left(\dfrac{17}{6}\right)$　⑥ $3\dfrac{1}{12}\left(\dfrac{37}{12}\right)$

---

❶ 分母がちがう分数のたし算は、通分して分子のたし算をします。

① $\dfrac{1}{2}+\dfrac{1}{7}=\dfrac{7}{14}+\dfrac{2}{14}=\dfrac{9}{14}$

② $\dfrac{1}{5}+\dfrac{1}{8}=\dfrac{8}{40}+\dfrac{5}{40}=\dfrac{13}{40}$

③ $\dfrac{2}{9}+\dfrac{1}{6}=\dfrac{4}{18}+\dfrac{3}{18}=\dfrac{7}{18}$

❷ ① $\dfrac{4}{7}+\dfrac{2}{3}=\dfrac{12}{21}+\dfrac{14}{21}=\dfrac{26}{21}=1\dfrac{5}{21}$

② $\dfrac{5}{6}+\dfrac{3}{5}=\dfrac{25}{30}+\dfrac{18}{30}=\dfrac{43}{30}=1\dfrac{13}{30}$

③ $\dfrac{3}{4}+\dfrac{4}{9}=\dfrac{27}{36}+\dfrac{16}{36}=\dfrac{43}{36}=1\dfrac{7}{36}$

④ $\dfrac{1}{2}+\dfrac{7}{8}=\dfrac{4}{8}+\dfrac{7}{8}=\dfrac{11}{8}=1\dfrac{3}{8}$

答えが約分できるときは、必ず約分します。

⑤ $\dfrac{2}{3}+\dfrac{5}{6}=\dfrac{4}{6}+\dfrac{5}{6}=\dfrac{9}{6}=\dfrac{3}{2}=1\dfrac{1}{2}$

⑥ $\dfrac{1}{5}+\dfrac{3}{10}=\dfrac{2}{10}+\dfrac{3}{10}=\dfrac{5}{10}=\dfrac{1}{2}$

⑦ $\dfrac{5}{12}+\dfrac{5}{6}=\dfrac{5}{12}+\dfrac{10}{12}=\dfrac{15}{12}=\dfrac{5}{4}=1\dfrac{1}{4}$

⑧ $\dfrac{1}{3}+\dfrac{11}{12}=\dfrac{4}{12}+\dfrac{11}{12}=\dfrac{15}{12}=\dfrac{5}{4}=1\dfrac{1}{4}$

⑨ $\dfrac{2}{9}+\dfrac{5}{18}=\dfrac{4}{18}+\dfrac{5}{18}=\dfrac{9}{18}=\dfrac{1}{2}$

❸ 帯分数のたし算は、次の2とおりの方法があります。

㋐　帯分数を仮分数になおす。

㋑　帯分数を整数と真分数に分ける。

① ㋐ $1\dfrac{1}{2}+2\dfrac{1}{3}=\dfrac{3}{2}+\dfrac{7}{3}=\dfrac{9}{6}+\dfrac{14}{6}=\dfrac{23}{6}=3\dfrac{5}{6}$

　 ㋑ $1\dfrac{1}{2}+2\dfrac{1}{3}=1\dfrac{3}{6}+2\dfrac{2}{6}=3\dfrac{5}{6}$

② ㋐ $1\dfrac{2}{3}+1\dfrac{3}{5}=\dfrac{5}{3}+\dfrac{8}{5}=\dfrac{25}{15}+\dfrac{24}{15}=\dfrac{49}{15}=3\dfrac{4}{15}$

　 ㋑ $1\dfrac{2}{3}+1\dfrac{3}{5}=1\dfrac{10}{15}+1\dfrac{9}{15}=2\dfrac{19}{15}=3\dfrac{4}{15}$

③から⑥は、帯分数を仮分数になおして計算する方法だけ示しておきます。答えが約分できるときは、約分します。

③ $2\dfrac{3}{4}+2\dfrac{1}{6}=\dfrac{11}{4}+\dfrac{13}{6}=\dfrac{33}{12}+\dfrac{26}{12}=\dfrac{59}{12}=4\dfrac{11}{12}$

④ $1\dfrac{7}{10}+2\dfrac{5}{6}=\dfrac{17}{10}+\dfrac{17}{6}=\dfrac{51}{30}+\dfrac{85}{30}=\dfrac{136}{30}=\dfrac{68}{15}=4\dfrac{8}{15}$

⑤ $2\dfrac{1}{4}+\dfrac{7}{12}=\dfrac{9}{4}+\dfrac{7}{12}=\dfrac{27}{12}+\dfrac{7}{12}=\dfrac{34}{12}=\dfrac{17}{6}=2\dfrac{5}{6}$

⑥ $1\dfrac{7}{8}+1\dfrac{5}{24}=\dfrac{15}{8}+\dfrac{29}{24}=\dfrac{45}{24}+\dfrac{29}{24}=\dfrac{74}{24}=\dfrac{37}{12}=3\dfrac{1}{12}$

1 (1)15、10、14

　(2)6、2、$\frac{1}{2}$

2 ①21　②8　③13

　④3　⑤2　⑥1

3 ①4　②6　③9　④$1\frac{1}{8}$

1 ①$\frac{3}{14}$　②$\frac{7}{15}$　③$\frac{7}{12}$

　④$\frac{11}{18}$　⑤$\frac{5}{24}$　⑥$\frac{11}{35}$

2 ①$\frac{1}{6}$　②$\frac{1}{9}$　③$\frac{1}{3}$

3 ①$1\frac{1}{12}\left(\frac{13}{12}\right)$　②$2\frac{1}{10}\left(\frac{21}{10}\right)$　③$\frac{11}{30}$

　④$1\frac{4}{9}\left(\frac{13}{9}\right)$　⑤$1\frac{3}{5}\left(\frac{8}{5}\right)$　⑥$1\frac{3}{4}\left(\frac{7}{4}\right)$

1 分母のちがう分数のひき算では、通分して分母をそろえてから、分子のひき算をします。

①$\frac{1}{2}-\frac{2}{7}=\frac{7}{14}-\frac{4}{14}=\frac{3}{14}$

②$\frac{2}{3}-\frac{1}{5}=\frac{10}{15}-\frac{3}{15}=\frac{7}{15}$

③$\frac{5}{6}-\frac{1}{4}=\frac{10}{12}-\frac{3}{12}=\frac{7}{12}$

④$\frac{7}{9}-\frac{1}{6}=\frac{14}{18}-\frac{3}{18}=\frac{11}{18}$

⑤$\frac{7}{8}-\frac{2}{3}=\frac{21}{24}-\frac{16}{24}=\frac{5}{24}$

⑥$\frac{5}{7}-\frac{2}{5}=\frac{25}{35}-\frac{14}{35}=\frac{11}{35}$

2 答えが約分できるときは、必ず約分します。

①$\frac{7}{10}-\frac{8}{15}=\frac{21}{30}-\frac{16}{30}=\frac{5}{30}=\frac{1}{6}$

②$\frac{7}{12}-\frac{17}{36}=\frac{21}{36}-\frac{17}{36}=\frac{4}{36}=\frac{1}{9}$

③$\frac{11}{6}-\frac{3}{2}=\frac{11}{6}-\frac{9}{6}=\frac{2}{6}=\frac{1}{3}$

3 帯分数のひき算は、次の2とおりの方法があります。

⑦　帯分数を仮分数になおす。

①　帯分数を整数と真分数に分ける。

①⑦$2\frac{1}{3}-1\frac{1}{4}=\frac{7}{3}-\frac{5}{4}=\frac{28}{12}-\frac{15}{12}=\frac{13}{12}=1\frac{1}{12}$

　①$2\frac{1}{3}-1\frac{1}{4}=2\frac{4}{12}-1\frac{3}{12}=1\frac{1}{12}$

②⑦$3\frac{3}{5}-1\frac{1}{2}=\frac{18}{5}-\frac{3}{2}=\frac{36}{10}-\frac{15}{10}=\frac{21}{10}=2\frac{1}{10}$

　①$3\frac{3}{5}-1\frac{1}{2}=3\frac{6}{10}-1\frac{5}{10}=2\frac{1}{10}$

③から⑥は、帯分数を仮分数になおして計算する方法だけ示しておきます。答えが約分できるときは、約分します。

③$3\frac{1}{5}-2\frac{5}{6}=\frac{16}{5}-\frac{17}{6}=\frac{96}{30}-\frac{85}{30}=\frac{11}{30}$

④$2\frac{5}{6}-1\frac{7}{18}=\frac{17}{6}-\frac{25}{18}=\frac{51}{18}-\frac{25}{18}=\frac{26}{18}=\frac{13}{9}=1\frac{4}{9}$

⑤$2\frac{1}{2}-\frac{9}{10}=\frac{5}{2}-\frac{9}{10}=\frac{25}{10}-\frac{9}{10}=\frac{16}{10}=\frac{8}{5}=1\frac{3}{5}$

⑥$3\frac{1}{6}-1\frac{5}{12}=\frac{19}{6}-\frac{17}{12}=\frac{38}{12}-\frac{17}{12}=\frac{21}{12}=\frac{7}{4}=1\frac{3}{4}$

④ ① $\dfrac{5}{12}$　② $\dfrac{1}{20}$

④ 3つの分数の計算も、通分して分子のたし算・ひき算をします。

① $\dfrac{1}{2} - \dfrac{1}{3} + \dfrac{1}{4} = \dfrac{6}{12} - \dfrac{4}{12} + \dfrac{3}{12} = \dfrac{5}{12}$

② $\dfrac{3}{4} - \dfrac{1}{2} - \dfrac{1}{5} = \dfrac{15}{20} - \dfrac{10}{20} - \dfrac{4}{20} = \dfrac{1}{20}$

ぴったり3　確かめのテスト　60〜61ページ　てびき

① ①10、24　②6、7

① 分母と分子に同じ数をかけても、分母と分子を同じ数でわっても、分数の大きさは変わりません。

① $\dfrac{5}{8} = \dfrac{\square}{16} = \dfrac{15}{\square}$（×2、×3）

② $\dfrac{18}{42} = \dfrac{\square}{14} = \dfrac{3}{\square}$（÷3、÷6）

② ① $\dfrac{2}{3}$　② $\dfrac{5}{8}$
　③ $\dfrac{2}{5}$　④ $\dfrac{4}{9}$

② ① $\dfrac{18}{27} = \dfrac{18 \div 9}{27 \div 9} = \dfrac{2}{3}$

② $\dfrac{25}{40} = \dfrac{25 \div 5}{40 \div 5} = \dfrac{5}{8}$

③ $\dfrac{24}{60} = \dfrac{24 \div 12}{60 \div 12} = \dfrac{2}{5}$

④ $\dfrac{32}{72} = \dfrac{32 \div 8}{72 \div 8} = \dfrac{4}{9}$

③ ①＞　②＜
　③＜　④＞

③ ① $\dfrac{1}{3} = \dfrac{7}{21}$、$\dfrac{2}{7} = \dfrac{6}{21}$ で、$\dfrac{1}{3} > \dfrac{2}{7}$ です。

② $\dfrac{3}{4} = \dfrac{9}{12}$、$\dfrac{5}{6} = \dfrac{10}{12}$ で、$\dfrac{3}{4} < \dfrac{5}{6}$ です。

③ $\dfrac{4}{9} = \dfrac{20}{45}$、$\dfrac{8}{15} = \dfrac{24}{45}$ で、$\dfrac{4}{9} < \dfrac{8}{15}$ です。

④ $\dfrac{5}{16} = \dfrac{15}{48}$、$\dfrac{7}{24} = \dfrac{14}{48}$ で、$\dfrac{5}{16} > \dfrac{7}{24}$ です。

④ ① $\dfrac{16}{21}$　② $\dfrac{19}{24}$
　③ $1\dfrac{2}{9}\left(\dfrac{11}{9}\right)$　④ $1\dfrac{1}{4}\left(\dfrac{5}{4}\right)$

④ ① $\dfrac{3}{7} + \dfrac{1}{3} = \dfrac{9}{21} + \dfrac{7}{21} = \dfrac{16}{21}$

② $\dfrac{5}{8} + \dfrac{1}{6} = \dfrac{15}{24} + \dfrac{4}{24} = \dfrac{19}{24}$

③ $\dfrac{5}{6} + \dfrac{7}{18} = \dfrac{15}{18} + \dfrac{7}{18} = \dfrac{22}{18} = \dfrac{11}{9} = 1\dfrac{2}{9}$

④ $\dfrac{2}{3} + \dfrac{7}{12} = \dfrac{8}{12} + \dfrac{7}{12} = \dfrac{15}{12} = \dfrac{5}{4} = 1\dfrac{1}{4}$

⑤ ① $\dfrac{19}{72}$　② $\dfrac{27}{35}$
　③ $\dfrac{1}{4}$　④ $\dfrac{1}{15}$

⑤ ① $\dfrac{8}{9} - \dfrac{5}{8} = \dfrac{64}{72} - \dfrac{45}{72} = \dfrac{19}{72}$

② $\dfrac{6}{5} - \dfrac{3}{7} = \dfrac{42}{35} - \dfrac{15}{35} = \dfrac{27}{35}$

③ $\dfrac{5}{6} - \dfrac{7}{12} = \dfrac{10}{12} - \dfrac{7}{12} = \dfrac{3}{12} = \dfrac{1}{4}$

④ $\dfrac{9}{10} - \dfrac{5}{6} = \dfrac{27}{30} - \dfrac{25}{30} = \dfrac{2}{30} = \dfrac{1}{15}$

6 ① $4\frac{4}{15}\left(\frac{64}{15}\right)$ ② $4\frac{1}{3}\left(\frac{13}{3}\right)$

③ $1\frac{7}{12}\left(\frac{19}{12}\right)$ ④ $\frac{11}{12}$

7 ① $1\frac{1}{18}\left(\frac{19}{18}\right)$ ② $\frac{1}{2}$

8 $\frac{8}{9}$

9 式 $1\frac{9}{10}-1\frac{5}{6}=\frac{1}{15}$ 答え $\frac{1}{15}$ km

---

6 ① $1\frac{3}{5}+2\frac{2}{3}=\frac{8}{5}+\frac{8}{3}=\frac{24}{15}+\frac{40}{15}=\frac{64}{15}=4\frac{4}{15}$

② $2\frac{7}{8}+1\frac{11}{24}=\frac{23}{8}+\frac{35}{24}=\frac{69}{24}+\frac{35}{24}=\frac{104}{24}=\frac{13}{3}=4\frac{1}{3}$

③ $3\frac{1}{3}-1\frac{3}{4}=\frac{10}{3}-\frac{7}{4}=\frac{40}{12}-\frac{21}{12}=\frac{19}{12}=1\frac{7}{12}$

④ $2\frac{3}{20}-1\frac{7}{30}=\frac{43}{20}-\frac{37}{30}=\frac{129}{60}-\frac{74}{60}=\frac{55}{60}=\frac{11}{12}$

7 ① $\frac{8}{9}-\frac{1}{2}+\frac{2}{3}=\frac{16}{18}-\frac{9}{18}+\frac{12}{18}=\frac{19}{18}=1\frac{1}{18}$

② $\frac{5}{6}+\frac{7}{15}-\frac{4}{5}=\frac{25}{30}+\frac{14}{30}-\frac{24}{30}=\frac{15}{30}=\frac{1}{2}$

8 分母どうし、分子どうしをたしているので、まちがいです。分母のちがう分数のたし算は、通分して計算します。

$\frac{1}{3}+\frac{5}{9}=\frac{3}{9}+\frac{5}{9}=\frac{8}{9}$

9 $\frac{9}{10}=\frac{27}{30}$、$\frac{5}{6}=\frac{25}{30}$ なので $\frac{9}{10}$ のほうが $\frac{5}{6}$ より大きいです。ひく順序に注意しましょう。

$1\frac{9}{10}-1\frac{5}{6}=\frac{9}{10}-\frac{5}{6}=\frac{27}{30}-\frac{25}{30}=\frac{2}{30}=\frac{1}{15}$

活用 **算数ジャンプ**

階段をつくる	**62〜63**ページ			てびき

1 ① 9つ
② 306 cm
③ 306 cm
④ 208 cm

2 満たさない
踏面の寸法が 24 cm になるので、建築のきまりの条件を満たさないから。

---

1 ① $150÷15=10$
踏面の数は蹴上より1少ないので、
$10-1=9$

② $34×9=306$

③ ウキの長さは $300-150=150$
$150÷15=10$
オキの踏面の数は、蹴上より1少ないので9
オキの長さは $34×9=306$

④ $820-306×2=208$

2 アイの長さから踊り場の長さの3m88cmを除くと
$820-388=432$
ウキの間に蹴上は20、踏面は18あるので、
$432÷18=24$

---

9 **平均**

ぴったり1 準備	**64**ページ	

1 ①108 ②120 ③4 ④111
2 ①6 ②平均 ③21 ④315

❶ 4個

❷ 275 g

❸ 2.5 点

❹ ①1.6 kg
　②48 kg

❶ 左の列から積み木の数を順にたすと、
5＋4＋3＋3＋4＋2＋4＋5＋4＋4＋7＋4＋1
＋4＋6＝60 になります。全部で15列あるので、
60÷15＝4で、積み木をならすと、4個ずつにな
ります。

❷ 平均＝合計÷個数　の式で求めます。
(280＋275＋285＋265＋270)÷5＝275 で
275 g になります。

❸ 平均＝合計÷個数　の式で求めます。6試合の平
均を求めるので、0点の試合もふくめて考えます。
(6＋2＋1＋0＋4＋2)÷6＝2.5 で、2.5 点にな
ります。

❹ ①平均＝合計÷個数　の式で求めます。
　　(1.4＋1.7＋1.4＋1.7＋1.6＋1.9＋1.5)÷7
　　＝1.6 で、1.6 kg です。
　②合計＝平均×個数　の式で求めます。
　　1.6×30＝48 で、48 kg です。

❶ 式　(98＋102＋95＋110＋100＋99＋96)
　　÷7＝100　　　　　　答え　100 g
❷ 式　(1＋3＋0＋3＋2)÷5＝1.8
　　　　　　　　　　　　答え　1.8 人
❸ 式　19.6÷7＝2.8　　　答え　2.8 kg
❹ 式　46.4×25＝1160　答え　1160 さつ
❺ ①式　(460＋470＋390＋430＋400)÷5
　　　　＝430　　　　　　答え　430 kg
　②式　430×12＝5160　答え　5160 kg
❻ 式　1.4×5＝7　7－(1＋0＋2＋2)＝2
　　　　　　　　　　　　答え　2点

❼ ①式　(84＋78＋92＋80)÷4＝83.5
　　　　　　　　　　　　答え　83.5 点
　②式　83.5×4＝334　85×5＝425
　　425－334＝91　　答え　91 点(以上)

❶ 平均＝合計÷個数　の式で求めます。

❷ 5日間に利用した人数の平均を求めるので、水曜日
の0人の日もふくめて考えます。

❸ 平均＝合計÷個数　の式で求めます。

❹ 合計＝平均×個数　の式で求めます。

❺ ①平均＝合計÷個数　の式で求めます。
　②合計＝平均×個数　の式で求めます。

❻ 5試合の得点の平均を1.4点にするには、5試合
の得点の合計が1.4×5＝7で、7点にならなけれ
ばいけません。
4試合の得点の合計は1＋0＋2＋2＝5だから、
4試合めは7－5＝2より2点です。

❼ ①平均＝合計÷個数　の式から求めます。
　②5回のテストの平均を85点以上にするには、
　　85×5＝425で、5回のテストの得点の合計が
　　425点以上にならなければいけません。
　　83.5×4＝334で、4回のテストの得点の合計
　　が334点なので、425－334＝91より、5
　　回めのテストで91点以上が必要だとわかります。

10 単位量あたりの大きさ

ぴったり1 準備 68ページ

1 ①0.5 ②0.5 ③A室
④2 ⑤A室
2 50、170、170

ぴったり2 練習 69ページ てびき

1 体育館B

2 A市…366人、B市…370人

3 12本で660円のえんぴつ

4 14 km

5 Bの印刷機

1 1m² あたりの人数で比べます。
体育館Aは、40÷540＝0.074…　で、約0.07人
体育館Bは、36÷450＝0.08　で、0.08人
1m² あたりの人数が多い体育館Bのほうがこんでいるといえます。
※1人あたりの面積で比べることもできます。
　体育館Aは、540÷40＝13.5で、13.5 m²
　体育館Bは、450÷36＝12.5で、12.5 m²
　1人あたりの面積がせまい体育館Bのほうがこんでいるといえます。

2 1km² あたりの人口を、人口密度といいます。
人口密度＝人口（人）÷面積（km²）　の式で求めます。
A市 55632÷152＝366で、366人です。
B市 35520÷96＝370で、370人です。

3 代金÷本数＝1本あたりのねだん　の式で求めます。
5本で290円のえんぴつ290÷5＝58で、58円。
12本で660円のえんぴつ660÷12＝55で、55円。

4 道のり÷ガソリンの量＝1L あたりに走る道のり
の式で求めます。
280÷20＝14で、14 km です。

5 1分あたりに印刷できるまい数で比べます。
A　100÷5＝20（まい）
B　176÷8＝22（まい）
1分あたりに印刷できるまい数はBの印刷機のほうが多くなります。

ぴったり1 準備 70ページ

1 ①5 ②6 ③600 ④900 ⑤B
2 ①5 ②72000 ③60 ④20 ⑤20

1 ①150 m
②ゆうじさん

2 ①B
②C
③E

3 ①時速 70 km
②分速 180 m
③分速 0.1 km（分速 100 m）
④秒速 0.3 km（秒速 300 m）

1 ①1800÷12＝150（m）
②ゆうじさんが1分間あたりに走った道のりは、
1120÷7＝160（m）

2 ③1分間あたりに走る道のりを比べます。
自動車E　4÷5＝0.8（km）
自動車F　9÷12＝0.75（km）

3 単位に注意して計算します。
①420÷6＝70 ⟶ 時速 70 km
②3600÷20＝180 ⟶ 分速 180 m
③道のりの単位が km、時間の単位が「分」で計算したときは、「分速○km」と表します。
4÷40＝0.1 ⟶ 分速 0.1 km
道のりの単位を m になおして計算してもよいです。
4 km＝4000 m
4000÷40＝100 ⟶ 分速 100 m
④3÷10＝0.3 ⟶ 秒速 0.3 km
道のりの単位を m になおして計算すると、
3 km＝3000 m
3000÷10＝300 ⟶ 秒速 300 m

1 ①50　②4　③200　④200
2 (1)60、5、5
(2)15、12、12

1 ①式　72×2＝144　　　　答え　144 km
②式　120×14＝1680　　答え　1680 m
③式　8×25＝200　　　　答え　200 m
2 ①式　640÷80＝8　　　　答え　8分
②式　1000÷25＝40　　　答え　40 秒
③式　150÷60＝2.5　　答え　2時間 30 分
④式　750÷30＝25　　　　答え 25 秒

1 速さ×時間＝道のり　の式にあてはめます。

2 道のり÷速さ＝時間　の式にあてはめます。
①道のりを分速でわると、求めた時間の単位は「分」になります。
②速さの単位は「秒速・m」、道のりの単位は「km」です。長さの単位が m と km でちがっているので、式を1÷25 とするのはまちがいです。km を m になおして計算します。
③答えを「2.5 時間」としてもまちがいではありませんが、小数を使わないで答えられるようにしましょう。0.5 時間＝60 分×0.5＝30 分
④道のりを秒速でわると、求めた時間の単位は「秒」になります。

1 式 105÷70＝1.5　　126÷90＝1.4
　　　　　　　答え　けんじさんの家の畑

2 式 320÷2＝160　　450÷3＝150
　　　　　　　答え　2個で320円のりんご

3 ①時速60 km
　　②秒速20 m
　　③分速250 m

4 式 27000÷52＝519.2…　答え　約520人

5 32.9 ㎡

6 ①108 km
　　②32秒
　　③50分

7 式 8616÷80＝107.7
　　　6356÷56＝113.5
　　　8251÷74＝111.5　　　　答え　B町

8 分速70 m

1 1㎡あたりにとれるじゃがいもの量で比べます。
けんじさんの家の畑　105÷70＝1.5で、1.5kgです。
まさおさんの家の畑　126÷90＝1.4で、1.4kgです。

2 代金÷りんごの個数　の式で計算して、1個あた
りのねだんで比べます。

3 速さ＝道のり÷時間
①時速は、180÷3＝60（km）
②秒速は、160÷8＝20（m）
③4.5 km＝4500 mだから、
　分速は、4500÷18＝250（m）
　4.5 kmを使って、分速を
　4.5÷18＝0.25（km）としてもかまいませんが、
　小数になってしまうので、mの単位になおした
　方がわかりやすいです。

4 人口密度＝人口（人）÷面積（km²）　で求めます。
上から2けたのがい数で求めるときは、上から3け
ためを四捨五入します。

5 1時間あたりにほそうできる面積は、
23.5÷5＝4.7（㎡）だから、
4.7×7＝32.9（㎡）

6 ①道のり＝速さ×時間　　　36×3＝108（km）
②時間＝道のり÷速さ　　　800÷25＝32（秒）
③3km＝3000 m　　3000÷60＝50（分）
　　3÷60＝0.05とするまちがいに注意しましょう。

7 人口密度＝人口（人）÷面積（km²）　の式で人口密度
を求めて、比べます。人口密度が大きいほどこんで
いるといえます。

8 行きにかかった時間は、
840÷60＝14（分）だから、帰りにかかった時間
は、26－14＝12（分）
12分間で840 m歩いた速さは、
840÷12＝70 → 分速70 m

11 図形の面積

ぴったり1 準備 **76** ページ

1 3、5、15
2 (1)4、28　(2)5、10
3 5、5、15

ぴったり2 練習 **77** ページ

てびき

1 ①たて…4cm、横…8cm
　②32 cm²

2 ①12 cm²　②33.75 cm²

3 ①16 cm²　②40.5 cm²

4 ①22 cm²　②11 cm²

1 平行四辺形ＡＢＣＤの面積は、たてが4cm、横が8cmの長方形ＡＥＦＤの面積と等しくなっています。

2 平行四辺形の面積＝底辺×高さ
　①3×4＝12　　　　　　　　　　　　　　　12 cm²
　②4.5×7.5＝33.75　　　　　　　　　　33.75 cm²

3 平行四辺形の面積＝底辺×高さ
　高さは、平行四辺形の外にあります。
　①2×8＝16　　　　　　　　　　　　　　16 cm²
　②4.5×9＝40.5　　　　　　　　　　　40.5 cm²

4 ①⑦の平行四辺形は、⑦の平行四辺形と底辺と高さが同じなので、面積も同じになります。
　②⑦の平行四辺形は、⑦の平行四辺形と高さは同じですが、底辺の長さが半分になっているので面積も半分になります。

ぴったり1 準備 **78** ページ

1 ①6　②4　③4　④2　⑤12
2 (1)5、20　(2)4、18
3 5、5、7.5

ぴったり2 練習 **79** ページ

てびき

1 ①底辺…8cm、高さ…5cm
　②20 cm²

2 ①21 cm²　②48 cm²

3 ①9 cm²　②3.5 cm²

4 ①13 cm²
　②6.5 cm²

1 三角形ＡＢＣの面積は、底辺が8cm、高さが5cmの平行四辺形ＡＢＣＤの面積の半分になっています。
　三角形ＡＢＣの面積は、次の式で求められます。
　8×5÷2＝20　　　　　　　　　　　　　　20 cm²

2 三角形の面積＝底辺×高さ÷2
　①7×6÷2＝21　　　　　　　　　　　　　21 cm²
　②12×8÷2＝48　　　　　　　　　　　　48 cm²

3 三角形の面積＝底辺×高さ÷2
　高さは、三角形の外にあります。
　①3×6÷2＝9　　　　　　　　　　　　　　9 cm²
　②3.5×2÷2＝3.5　　　　　　　　　　　3.5 cm²

4 ①⑦の三角形は、⑦の三角形と底辺と高さが同じなので、面積も同じになります。
　②⑦の三角形は、⑦の三角形と高さは同じですが、底辺の長さが半分になっているので、面積も半分になります。

1 ①7 ②3 ③3 ④10.5
2 (1)14、6、60 (2)4.2、3、15

てびき

1 ①辺ADと辺BC
 ②20 cm²

2 ①49 cm² ②80 cm²
 ③14 cm² ④20 cm²
 ⑤33 cm² ⑥36 cm²

1 台形ＡＢＣＤの面積は、底辺が10cm、高さが4cmの平行四辺形ＡＢＥＦの面積の半分になっています。台形ＡＢＣＤの面積は、
 $10 \times 4 \div 2 = 20$ 20 cm²

2 台形の面積＝(上底＋下底)×高さ÷2
 ①$(6+8) \times 7 \div 2 = 49$ 49 cm²
 ②$(6+10) \times 10 \div 2 = 80$ 80 cm²
 ③$(2+5) \times 4 \div 2 = 14$ 14 cm²
 ④$4+2=6$ $(4+6) \times 4 \div 2 = 20$ 20 cm²
 ⑤$(3+8) \times 6 \div 2 = 33$ 33 cm²
 ⑥$(7.5+4.5) \times 6 \div 2 = 36$ 36 cm²

1 (1)①6 ②9 (2)①9 ②8 ③8 ④36
2 (1)2、3 (2)3

てびき

1 ①半分
 ②24 cm²

2 ①25 cm² ②48 cm² ③54 cm²

3 ①4倍
 ②$6 \times \square \div 2 = \triangle$
  $(3 \times \square = \triangle)$
 ③21 cm²

1 ひし形ＡＢＣＤの面積は、たて6cm、横8cmの長方形ＥＦＧＨの面積の半分になっています。ひし形ＡＢＣＤの面積は、$6 \times 8 \div 2 = 24$ 24 cm²

2 ひし形の面積＝対角線×対角線÷2
 ①$5 \times 10 \div 2 = 25$ 25 cm²
 ②$8 \times 2 = 16$ $3 \times 2 = 6$
  $16 \times 6 \div 2 = 48$ 48 cm²
 ③$6 \times 2 = 12$ $4.5 \times 2 = 9$
  $12 \times 9 \div 2 = 54$ 54 cm²

3 高さと面積を調べて表にかくと、次のようになります。三角形の面積は、高さに比例しています。

高さ(cm)	1	2	3	4	5	6
面積(cm²)	3	6	9	12	15	18

①三角形の面積は高さに比例しているので、高さが4倍になると、面積も4倍になります。
②三角形の面積＝底辺×高さ÷2　だから、高さを□cm、面積を△cm²とすると、
 $6 \times \square \div 2 = \triangle$の式となります。
③②の式に、□＝7をあてはめます。
 $6 \times 7 \div 2 = 21$　または、$3 \times 7 = 21$

① ①式　8×4＝32　　　　　　　　　答え　32 cm²
　　②式　9×15＝135　　　　　　　答え　135 cm²
　　③式　2.4×3＝7.2　　　　　　　答え　7.2 cm²

② ①式　18×16÷2＝144　　　　　答え　144 cm²
　　②式　9×8÷2＝36　　　　　　　答え　36 cm²
　　③式　11×12÷2＝66　　　　　　答え　66 cm²

③ ①式　(16＋4)×7÷2＝70　　　答え　70 cm²
　　②式　(5＋9)×4÷2＝28　　　　答え　28 cm²
　　③式　(6＋11)×6÷2＝51　　　　答え　51 cm²

④ ①式　8×16÷2＝64　　　　　　答え　64 cm²
　　②式　9×6÷2＝27　　　　　　　答え　27 cm²
　　③式　2.5×2＝5　　　6×2＝12
　　　　　5×12÷2＝30　　　　　　答え　30 cm²

⑤ ①35 cm²　②29 cm²

⑥ 165 m²

⑦ ①7×□＝△
　　　(□×7＝△)
　　②12 cm

---

① 平行四辺形の面積＝底辺×高さ
底辺に垂直な直線の長さが高さです。高さがどれか
をまちがえないようにしましょう。
①底辺が8cmで、高さが4cmの平行四辺形です。
②底辺が9cmで、高さが15cmの平行四辺形です。
③底辺が2.4cmで、高さが3cmの平行四辺形です。

② 三角形の面積＝底辺×高さ÷2
底辺と高さは、垂直になっていることに注意します。
①底辺が18cmで、高さが16cmの三角形です。
②底辺が9cmで、高さが8cmの三角形です。
③底辺が11cmで、高さが12cmの三角形です。

③ 台形の面積＝(上底＋下底)×高さ÷2
①上底が16cm、下底が4cmで高さが7cmの台
　形です。
②上底が5cm、下底が9cmで高さが4cmの台形
　です。
③上底が6cm、下底が11cmで高さが6cmの台
　形です。

④ ひし形の面積＝対角線×対角線÷2

⑤ ①三角形ABCの面積か
　ら三角形DBCの面積
　をひいて求めます。
　14×(5＋3)÷2＝56
　14×3÷2＝21
　56－21＝35　　　　　　　　　　35 cm²

②長方形ABCDの面積か
　ら三角形EBCと三角形
　FCDの面積をひいて求
　めます。
　7×10＝70
　10×(7－3)÷2＝20
　(10－4)×7÷2＝21
　70－(20＋21)＝29　　　　　　　29 cm²

⑥ 色のついた㋐から㋑の
平行四辺形をあわせる
と、底辺が15m、
高さが11mの平行
四辺形ができます。
15×11＝165　　　　　　　　　　165 m²

⑦ ①平行四辺形の面積＝底辺×高さ　だから、
　　7×□＝△　の式になります。
②①の式に△＝84をあてはめます。
　　7×□＝84　　□＝84÷7＝12

ぴったり1 準備 86ページ

1 ①8 ②8 ③多 ④八
2 (1)6、60 (2)3

ぴったり2 練習 87ページ

てびき

1 ①正三角形 ②正五角形 ③正六角形

2 ①72°
　②二等辺三角形
　③108°

3 ①120° ②45°

4 2cm

1 3つの図形とも、辺の長さも、角の大きさもみんな
等しい多角形になっているので、正多角形です。
①辺が3つなので、正三角形です。
②辺が5つなので、正五角形です。
③辺が6つなので、正六角形です。

2 ①円の中心のまわりの角を5等分するように半径を
　かき、円のまわりと交わった点を、直線で順に結
　んでいくと、正五角形がかけます。
　円の中心のまわりの角は360°なので、正五角形
　は、360°÷5＝72°で、72°にしてかきます。
②辺AO、辺BOは半径なので、長さは等しくなり
　ます。三角形AOBは、二等辺三角形です。
③角AOBは72°なので、角ABOの大きさは
　180°－72°＝108°、108°÷2＝54°で、54°
　です。三角形AOBと三角形BOCは合同なので、
　角CBOの大きさも54°です。よって、角ABC
　の大きさは54°×2＝108°で、108°です。

3 ①360°÷3＝120°で、円の中心のまわりの角を
　120°ずつ3等分するように半径をかき、円のま
　わりと交わった点を、直線で順に結びます。
②360°÷8＝45°で、円の中心のまわりの角を
　45°ずつ8等分するように半径をかき、円のま
　わりと交わった点を、直線で順に結びます。

4 半径AOをひき、コンパス
でAOの長さ（2cm）をは
かりとり、右のように、円
のまわりを半径の長さで区
切っていき、区切った点を
直線で順に結びます。

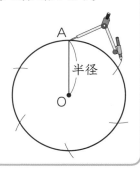

半径

⭐1 3、50、120

⭐2 6、60、60

⭐3 ①30、正方形
②70、正五角形

⭐4 ①3、60、120
②6、50、60

⭐5 ①360
②45°

⭐1 正三角形のそれぞれの角は、みんな60度だから、
(180−60＝)120度まわします。

⭐2 正六角形のそれぞれの角は、みんな120度だから、
(180−120＝)60度まわします。

⭐3 ①「30歩動かす」→「↰90度まわす」を4回くり返
すので、正方形になります。
②「70歩動かす」→「↰72度まわす」を5回くり返
すので、正五角形になります。

⭐4 ①図の左下の点から、かきはじめるとして、どのよ
うに動かしたらよいかを考えます。

⭐5 ①辺の数×まわす角度＝360だから、
まわす角度＝360÷辺の数になります。
②①の式にあてはめて、360÷8＝45(°)

ぴったり1 準備　90ページ

1 (1)8、25.12、25.12
(2)3、18.84、18.84
2 50.24、3.14、16
3 3.14、2、3

ぴったり2 練習　91ページ　てびき

❶ ①25.12 cm　②37.68 cm
③43.96 cm　④21.98 cm

❷ ①15 cm
②10 cm

❸ 約19 cm

❹ 8倍

❶ ①と②は円周＝直径×3.14、③と④は
円周＝半径×2×3.14の式で求めます。
①8×3.14＝25.12で、25.12 cmです。
②12×3.14＝37.68で、37.68 cmです。
③7×2×3.14＝43.96で、43.96 cmです。
④3.5×2×3.14＝21.98で、21.98 cmです。

❷ 直径や半径の長さを□cmとして考えます。
①直径の長さを□cmとすると、
円周＝直径×3.14だから、□×3.14＝47.1
□＝47.1÷3.14＝15で、15 cmです。
②半径の長さを□cmとすると、
円周＝半径×2×3.14だから、
□×2×3.14＝62.8
□＝62.8÷3.14÷2＝10で、10 cmです。

❸ 木の幹の直径を□cmとすると、
□×3.14＝60、□＝60÷3.14＝19.1…　で、
約19 cmです。

❹ 円周の長さは直径の長さに比例するので、直径が2
倍、3倍、…になると、円周の長さも2倍、3倍、
…となります。
この問題では、直径は40÷5＝8で、8倍になっ
ているから、円周の長さも8倍になります。

1 ①正八角形
②45°
③二等辺三角形

2 ① 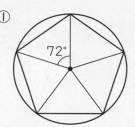 ②

3 ①式　18×3.14＝56.52　　答え　56.52 cm
②式　12×2×3.14＝75.36
答え　75.36 cm

4 ①式　78.5÷3.14＝25　　　　答え　25 cm
②式　50.24÷3.14÷2＝8　　　答え　8 cm

5 式　5＋5＝10　　　10÷5＝2　　　答え　2倍

6 ①式　4×2＝8　　　　　8×3.14＝25.12
8×2＝16　　　　16×3.14÷2＝25.12
25.12＋25.12＝50.24
答え　50.24 cm
②式　8×3.14÷2×3＝37.68
8×3＝24　　　　24×3.14÷2＝37.68
37.68＋37.68＝75.36
答え　75.36 cm

7 式　47.1÷3.14＝15　　　　答え　15 cm

8 式　0.4×3.14＝1.$\overset{3}{2}$56
360÷1.3＝27$\overset{8}{6}$…　　答え　約280回転

---

1 ①辺の長さも、角の大きさもそれぞれみんな同じで8つあるので、正八角形です。
②360°÷8＝45°
③辺OAと辺OBはそれぞれ半径で長さが等しいので、二等辺三角形です。

2 ①360°÷5＝72°で、円の中心のまわりの角を72°ずつ5等分するように半径をかき、円周と交わった点を、直線で順に結びます。
②360°÷9＝40°で、円の中心のまわりの角を40°ずつ9等分するように半径をかき、円周と交わった点を、直線で順に結びます。

3 ①円周＝直径×3.14　の式にあてはめて求めます。
②円周＝半径×2×3.14　の式にあてはめて求めます。

4 ①直径を□cmとすると、□×3.14＝78.5の式がつくれます。□＝78.5÷3.14＝25で、25 cm です。
②半径を□cmとすると、□×2×3.14＝50.24の式がつくれます。□＝50.24÷3.14÷2＝8で、8 cm です。

5 円周の長さは、直径の長さに比例します。
5＋5＝10、10÷5＝2で、大きい円の直径の長さは小さい円の直径の長さの2倍なので、円周の長さも2倍になります。

6 ①直径8cmの円の円周の半分が2個分と、直径16cmの円の円周の半分の和です。円周の半分の2個分は、あわせると円周1個分の長さになります。
②直径8cmの円の円周の半分が3個分と、直径24cmの円の円周の半分との和です。

7 直径の長さを□cmとすると、□×3.14＝47.1
□＝47.1÷3.14＝15　15 cm

8 車輪が1回転して進む道のりは、車輪のまわりの長さと等しいから、
0.4×3.14＝1.$\overset{3}{2}$56で、約1.3 mです。
上から2けたのがい数にそろえて求めます。
360÷1.3＝27$\overset{8}{6}$…　で、約280回転です。

⑬ 倍を表す小数

ぴったり1 準備 　**94**ページ

1 3.2、3.5
2 0.4、0.6
3 1.2、48

ぴったり2 練習 　**95**ページ

てびき

1 ①1.6倍
　　②0.4倍

2 ①2.7 km
　　②0.6 km

3 ①□×1.3＝33.8
　　②26 kg

4 0.6 m

1 もとにする量は、白いテープの長さです。
比べる量がもとにする量の何倍にあたるかは、
次の式で求められます。

比べる量÷もとにする量

①2.4÷1.5＝1.6 で、1.6 倍です。

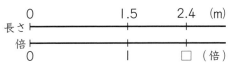

②0.6÷1.5＝0.4 で、0.4 倍です。

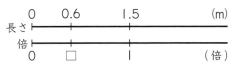

2 もとにする量は、家から駅までの道のりです。
何倍かした大きさは、次の式で求められます。

もとにする量×倍を表す小数

①1.5×1.8＝2.7 で、2.7 km です。

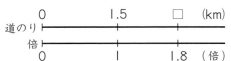

②1.5×0.4＝0.6 で、0.6 km です。

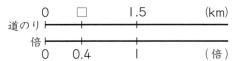

3 もとにする量は、しずかさんの体重です。

①**もとにする量×倍を表す小数**

　□×1.3＝33.8

②□＝33.8÷1.3＝26 で、26 kg です。

4 もとにする量は、残っているテープの長さです。
残っているテープの長さを□mとして、かけ算の式
に表すと、□×3.5＝2.1
　　　　　　　　□＝2.1÷3.5＝0.6

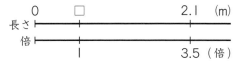

❶
① 1.5
② 115.2
③ 15
④ 35

❷
① 1.5倍
② 0.5倍
③ ⑦(のテープ)

❸ 式　3.84÷2.4＝1.6　　　　　答え　1.6倍

❹ 式　3800×1.3＝4940　　　答え　4940kg

❺ 式　赤いテープの長さを□cmとしてかけ算の式
に表すと　□×1.4＝16.8
□＝16.8÷1.4
□＝12　　　答え　12cm

❻ 式　Bの水そうの容積を□m³としてかけ算の式
に表すと　□×1.75＝49.7
□＝49.7÷1.75
□＝28.4　答え　28.4m³

❼
① 式　60×0.5＝30　　　　答え　30g
② 式　60×1.3＝78　　　　答え　78g

❶
③ □×1.2＝18
□＝18÷1.2　□＝15
④ □×0.8＝28
□＝28÷0.8　□＝35

❷
① ⑦のテープをもとにする量とすると
比べる量÷もとにする量　の式にあてはめる
と、何倍かを求めることができます。
1.8÷1.2＝1.5
② 0.6÷1.2＝0.5
③ 0.8×1.5＝1.2
1.2mの長さのテープは⑦。

❸ もとにする量は、はるなさんの家から図書館までの
道のりの2.4kmです。比べる量の3.84kmをも
とにする量でわると、何倍かを求めることができま
す。

❹ もとにする量は去年の3800kgです。もとにする
量に倍を表す数1.3をかけると、今年のとうもろ
こしの量が求められます。

❺
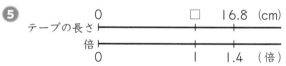

❻

❼ 何倍かした大きさは、倍を表す数が小数のときも次
の式で求められます。
もとにする量×倍を表す数

⑭ 分数と小数、整数

ぴったり① 準備　**98**ページ

1 (1)分子、分母、4　(2)$\frac{5}{3}$

2 (1)$\frac{7}{6}$　(2)$\frac{5}{7}$

ぴったり② 練習　**99**ページ　てびき

❶ ①$\frac{2}{3}$　②$\frac{5}{6}$　③$\frac{4}{11}$
　④$\frac{6}{19}$　⑤$1\frac{1}{7}\left(\frac{8}{7}\right)$
　⑥$1\frac{7}{15}\left(\frac{22}{15}\right)$

❷ ①9　②3

❸ $\frac{4}{7}$L

❹ $\frac{13}{17}$倍

❺ ①$1\frac{4}{21}$倍$\left(\frac{25}{21}$倍$\right)$　②$\frac{8}{15}$倍

❶ わり算の商は、わられる数を分子、わる数を分母と
　する分数で表せます。　　　$\triangle \div \bigcirc = \frac{\triangle}{\bigcirc}$
　①$2 \div 3 = \frac{2}{3}$　　　②$5 \div 6 = \frac{5}{6}$
　③$4 \div 11 = \frac{4}{11}$　　④$6 \div 19 = \frac{6}{19}$
　⑤$8 \div 7 = \frac{8}{7} = 1\frac{1}{7}$　⑥$22 \div 15 = \frac{22}{15} = 1\frac{7}{15}$

❷ $\triangle \div \bigcirc = \frac{\triangle}{\bigcirc}$ だから、$\frac{\triangle}{\bigcirc} = \triangle \div \bigcirc$ です。

❸ $4 \div 7$の式で求められます。この商を分数で答える
　と、$\frac{4}{7}$ となります。

❹ もとにする量はAの水そうにはいっている水の量で
　17Lです。$13 \div 17$の式で求められるので、この
　商を分数で表すと、$\frac{13}{17}$ となります。

❺ ①$25 \div 21 = \frac{25}{21} = 1\frac{4}{21}$ で、$1\frac{4}{21}$ 倍です。
　②$8 \div 15 = \frac{8}{15}$ で、$\frac{8}{15}$ 倍です。

ぴったり① 準備　**100**ページ

1 ①分子　②分母
　(1)0.25　(2)2.4　(3)0.67

2 (1)$\frac{31}{100}$　(2)7、$\frac{7}{10}$　(3)$\frac{6}{1}$

ぴったり② 練習　**101**ページ　てびき

❶ ①0.5　②0.625　③1.8
　④2.75　⑤0.29　⑥2.8

❶ 分数を小数で表すときは、分子÷分母　の式で計算
　して、商を求めます。
　①$\frac{1}{2} = 1 \div 2 = 0.5$　②$\frac{5}{8} = 5 \div 8 = 0.625$
　③$1\frac{4}{5} = \frac{9}{5} = 9 \div 5 = 1.8$
　④$2\frac{3}{4} = \frac{11}{4} = 11 \div 4 = 2.75$
　⑤$\frac{2}{7} = 2 \div 7 = 0.28\overset{9}{5}\cdots$
　⑥$2\frac{5}{6} = \frac{17}{6} = 17 \div 6 = 2.83\cdots$

② ① $\frac{3}{10}$　② $\frac{17}{100}$　③ $\frac{2}{100}$　④ $1\frac{6}{10}\left(\frac{16}{10}\right)$
⑤ $2\frac{5}{10}\left(\frac{25}{10}\right)$　⑥ $1\frac{75}{100}\left(\frac{175}{100}\right)$

③ ①8、16、24　②11、22、33

④ ①＞　②＜
③＞

② 小数は、10や100などを分母とする分数で表すことができます。小数第1位までの小数は、分母を10、小数第2位までの小数は分母を100とします。

③ 整数は、1を分母とする分数や、分子が分母でわりきれる分数で表すことができます。

①$8=8\div1=\frac{8}{1}$　　　$8=16\div2=\frac{16}{2}$

　$8=24\div3=\frac{24}{3}$

②$11=11\div1=\frac{11}{1}$　　$11=22\div2=\frac{22}{2}$

　$11=33\div3=\frac{33}{3}$

④ 小数を分数になおして、通分して分子の大小を比べるか、分数を小数になおして比べます。
小数になおして比べてみます。

①$\frac{3}{5}=3\div5=0.6$なので、$\frac{3}{5}>0.5$

②$\frac{6}{7}=6\div7=0.85\cdots$なので、$0.8<\frac{6}{7}$

③$2\frac{2}{9}=\frac{20}{9}=20\div9=2.22\cdots$なので、

　$2\frac{2}{9}>2.2$

ぴったり3　確かめのテスト　**102〜103ページ**　**てびき**

❶ ①6　②8

❷ ① $\frac{2}{9}$　② $\frac{4}{13}$　③ $1\frac{4}{7}\left(\frac{11}{7}\right)$　④ $1\frac{2}{15}\left(\frac{17}{15}\right)$

❸ ①0.6　②0.875　③0.45
④0.71　⑤2.25　⑥3.7

❹ ① $\frac{9}{10}$　② $\frac{47}{100}$　③ $2\frac{3}{10}\left(\frac{23}{10}\right)$　④ $\frac{4}{100}$
⑤ $1\frac{6}{100}\left(\frac{106}{100}\right)$　⑥ $3\frac{75}{100}\left(\frac{375}{100}\right)$

❺ ①4　②21　③5

❶ $\dfrac{\triangle}{\bigcirc}=\triangle\div\bigcirc$です。

❷ $\triangle\div\bigcirc=\dfrac{\triangle}{\bigcirc}$です。

❸ ①$\frac{3}{5}=3\div5=0.6$

②$\frac{7}{8}=7\div8=0.875$

③$\frac{9}{20}=9\div20=0.45$

④$\frac{5}{7}=5\div7=0.714\cdots$

⑤$2\frac{1}{4}=\frac{9}{4}=9\div4=2.25$

⑥$3\frac{2}{3}=\frac{11}{3}=11\div3=3.66\cdots$

❹ $\frac{1}{10}$の位までの小数は分母を10、$\frac{1}{100}$の位までの小数は分母を100とする分数で表します。

❺ ①$4=4\div1=\frac{4}{1}$

②$7=21\div3=\frac{21}{3}$

③$9=45\div5=\frac{45}{5}$

39

6

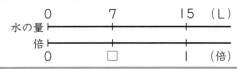

6 この数直線の1めもりは 0.05 $\left(\dfrac{1}{20}\right)$ です。

7 ①＞　②＜
③＞　④＜

7 分数を小数になおして比べてみます。

① $\dfrac{3}{4} = 3 \div 4 = 0.75$ なので、$\dfrac{3}{4} > 0.7$

② $\dfrac{5}{6} = 5 \div 6 = 0.83\cdots$ なので、$0.8 < \dfrac{5}{6}$

③ $\dfrac{9}{5} = 9 \div 5 = 1.8$ なので、$1.9 > \dfrac{9}{5}$

④ $2\dfrac{3}{8} = \dfrac{19}{8} = 19 \div 8 = 2.375$ なので、

$2\dfrac{3}{8} < 2.38$

小数を分数になおして、通分して分子の大きさで比べることもできます。

8 ①式　$5 \div 9 = \dfrac{5}{9}$　　　　　答え　$\dfrac{5}{9}$ 倍

②式　$25 \div 36 = \dfrac{25}{36}$　　　答え　$\dfrac{25}{36}$ 倍

③式　$7 \div 15 = \dfrac{7}{15}$　　　答え　$\dfrac{7}{15}$ 倍

8 比べる量÷もとにする量　の式にあてはめて、
分数で答えます。
①もとにする量は、赤いリボンの長さです。
②もとにする量は、Bの花だんの面積です。
③もとにする量は、15Lです。

水の量	0	7	15 （L）
倍	0	□	1 （倍）

⑮ 割合

1 15、25、0.6
2 (1)0.01、6　(2)400
3 (1)0.35　(2)1.2

てびき

1 ①0.7
②1.34

1 割合＝比べる量÷もとにする量　の式にあてはめます。もとにする量が定員の200人です。
①140÷200＝0.7
②268÷200＝1.34
※割合が1より大きいことは、定員より多いことを表しています。

2 ①3%　②72%
③180%　④500%

2 0.01＝1%、0.1＝10%です。
小数で表された割合に100をかけると、百分率で表せます。
①0.03×100＝3で、3%です。
②0.72×100＝72で、72%です。
③1.8×100＝180で、180%です。
④5×100＝500で、500%です。

3 ①0.34　②0.08
③1.5　④0.465

3 百分率で表された割合を小数や整数になおすには、百分率を100でわります。
①34÷100＝0.34　②8÷100＝0.08
③150÷100＝1.5　④46.5÷100＝0.465

4 ①6割　②12割

4 0.1＝1割です。小数で表された割合に10をかけると、歩合で表せます。
①0.6×10＝6で、6割です。
②1.2×10＝12で、12割です。
※歩合では、割のほかに、割合を表す0.01を1分、0.001を1厘といいます。

5 45%

5 割合＝比べる量÷もとにする量　の式にあてはめます。もとにする量は、おこづかいの800円です。
360÷800＝0.45
百分率で表すから、0.45×100＝45で、45%です。

6 8割

6 割合＝比べる量÷もとにする量　の式にあてはめます。もとにする量は、定価の4500円です。
3600÷4500＝0.8
歩合で表すから、0.8×10＝8で、8割です。

1 0.55、0.55、16.5
2 0.26、0.26、2500

てびき

❶ ①600 g
　②720円

❷ 270 ㎡

❸ 20万円

❹ ①450
　②500

❺ 80点

❶ 比べる量を求める問題です。
　比べる量＝もとにする量×割合　の式にあてはめて求めます。
　①75 % は小数で表すと 0.75 だから、
　　800×0.75＝600 で、600 g です。
　②150 % は小数で表すと 1.5 だから、
　　480×1.5＝720 で、720 円です。

❷ 比べる量を求める問題です。
　比べる量＝もとにする量×割合　の式にあてはめて求めます。
　45 % は小数で表すと 0.45 だから、
　600×0.45＝270 で 270 ㎡ です。

❸ 比べる量を求める問題です。
　比べる量＝もとにする量×割合　の式にあてはめて求めます。
　25 % は小数で表すと 0.25 だから、
　800000×0.25＝200000 で、20 万円です。

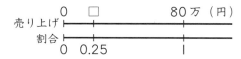

❹ もとにする量を求める問題です。
　もとにする量＝比べる量÷割合　の式にあてはめて求めます。
　①30 % は小数で表すと 0.3 だから、
　　135÷0.3＝450 で、450 個です。
　②140 % は小数で表すと 1.4 だから、
　　700÷1.4＝500 で、500 人です。

❺ もとにする量を求める問題です。
　もとにする量＝比べる量÷割合　の式にあてはめて求めます。
　120 % は小数で表すと 1.2 だから、
　96÷1.2＝80 で、80 点です。

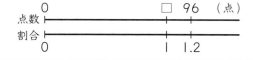

1 0.3、1400
　　1400

2 0.2、180
　　180

❶ ①式　3000×0.25＝750
　　　　3000−750＝2250　　答え　2250円
　　②式　1−0.25＝0.75
　　　　3000×0.75＝2250　　答え　2250円

❷ ①式　15万×0.2＝3万
　　　　15万−3万＝12万　　　答え　12万円
　　②式　1−0.2＝0.8
　　　　15万×0.8＝12万　　　答え　12万円

❸ ①1.15
　　②920g

❹ 式　ぼうしのもとのねだんを□円としてかけ算の
　　　式に表すと
　　　　□×0.8＝600
　　　　　　□＝600÷0.8
　　　　　　□＝750　　　　　答え　750円

❶ 25％を小数で表すと、0.25です。
　①割引額は、3000×0.25＝750で、750円です。
　　これを定価からひいて代金を求めます。
　②割引率が0.25なので、洋服代の割合は、定価の
　　1−0.25＝0.75で、0.75にあたります。

❷ 2割を小数で表すと、0.2です。
　①割引額は、15万×0.2＝3万で、3万円です。
　　これを定価からひいて代金を求めます。
　②割引率が0.2なので、代金は定価の
　　1−0.2＝0.8で、0.8にあたります。

❸ ①15％を小数で表すと、0.15です。増量なので、
　　もとの大きさの1に加えて、1+0.15＝1.15
　　です。
　②比べる量＝もとにする量×割合　の式にあては
　　めます。
　　800×1.15＝920で、920gです。

❹ 20％を小数で表すと、0.2です。割引率が0.2
　なので、600円のぼうしは1−0.2＝0.8で、0.8
　にあたります。

① ①12％ ②160％ ③700％

① 小数で表された割合は、100 をかけると、百分率で表せます。
①0.12×100＝12 で、12％です。
②1.6×100＝160 で、160％です。
③7×100＝700 で、700％です。

② ①0.03 ②0.9 ③1.06

② 百分率で表された割合は、100 でわると、小数で表せます。
①3÷100＝0.03 ②90÷100＝0.9
③106÷100＝1.06

③ ①30
②195
③8
④3150

③ ①割合を百分率で求める問題です。
15÷50＝0.3、0.3×100＝30 で、30％です。
②比べる量を求める問題です。
65％を小数で表すと 0.65 だから、
300×0.65＝195 で、195ｇです。
③もとにする量を求める問題です。
150％を小数で表すと 1.5 だから、
12÷1.5＝8で、8L です。
④比べる量を求める問題です。
3割を小数で表すと 0.3 だから、
1−0.3＝0.7、4500×0.7＝3150 で、
3150 円です。

④

割 合	0.3	0.5	0.8	1
百分率	30％	50％	80％	100％
歩 合	3割	5割	8割	10割

④ 割合を表す1は、百分率で表すと 100％、歩合で表すと 10割です。

⑤ 式 30÷250＝0.12　　　答え 12％

⑥ ①式 600×0.25＝150
600−150＝450　　　答え 450円
②式 1−0.25＝0.75
1500÷0.75＝2000　答え 2000円

⑥ ①1−0.25＝0.75
600×0.75＝450　としてもよいです。

⑦ 式 35×0.1＝3.5
35＋3.5＝38.5　　　答え 38.5kg

⑦ 35×(1＋0.1)＝38.5　としてもよいです。

⑧ 式 36÷0.08＝450　　　答え 450人

⑧ もとにする量を求める問題です。
もとにする量＝比べる量÷割合　の式にあてはめて求めますが、このとき、百分率で表された割合は小数になおして、あてはめます。
8％は、小数で表すと 0.08 です。

⑨ 式 5200−1200＝4000
5200×0.2＝1040　5200−1040＝4160
5200×0.7＝3640　　　答え C店

⑨ A店、B店、C店の売りねを求めて、大小を比べます。

16 帯グラフと円グラフ

① 26、26、2
② ①12 ②8 ③サッカー ④野球

てびき

① ①42％

②約 $\dfrac{1}{4}$

② ①(表の上から)40、25、14、8、13

②

けがをした場所別の人数の割合

校庭	体育館	ろう下	教室	その他

0 10 20 30 40 50 60 70 80 90 100(%)

③ ①(表の上から)66、28、5、1

②

CDの売り上げまい数の割合

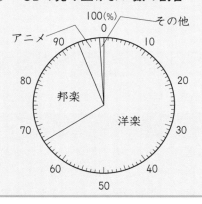

① ①1めもりは、1％です。
②畜産による収入の割合は、24％です。これは約 $\dfrac{1}{4}$ といえます。

② ①それぞれ人数を合計の80人でわって、割合を求めます。校庭は0.412…となり、百分率で表すと41％となります。求めた百分率を合計すると、101％になるので、割合のいちばん大きい校庭の41％を40％とします。
②帯グラフでは、ふつう左から、百分率の大きいものから順にかいていきます。「その他」は、いちばんあとにかきます。

③ ①わりきれないときは四捨五入して、整数までのがい数にします。
洋楽は、1650÷2500×100＝66で、66％です。
邦楽は、689÷2500×100＝27.56で、28％です。
②円グラフでは、ふつういちばん上からはじめて時計まわりに、百分率の大きいものから順にかいていきます。「その他」は、いちばんあとにかきます。

てびき

① ①23％
②17％
③式 30×0.23＝6.9　　　答え 6.9 km²
④式 35÷17＝2.05　　　答え 約2.1倍

② 割合…(左から)45、20、15、8、12

欠席の理由とその人数の割合

かぜ	頭つう	はらいた	けが	その他

0 10 20 30 40 50 60 70 80 90 100%

① ③比べる量＝もとにする量×割合　を使います。
④それぞれの割合(％)で、何倍になっているかを求めます。

② それぞれの人数を合計でわって割合を求めます。
かぜ…90÷200＝0.45 → 45％

❸ ①（表の上から）36、21、11、8、24
②　　　好きなメニューの人数の割合

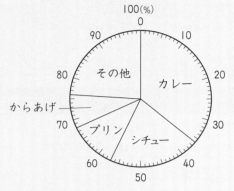

❹ ①52 ％
②3倍
③ $\frac{1}{5}$
④182 台

❸ ①合計が 99 ％ となるので、割合のいちばん大き
いカレーの 35 ％ を 36 ％ とします。
②いちばん上からはじめて時計まわりに、ふつう百
分率の大きいものから順にかいていきます。
「その他」は、いちばんあとにかきます。

❹ ①グラフの 1 めもりは、1 ％ です。
②バスの割合は 18 ％、タクシーの割合は 6 ％ だ
から、18÷6＝3 で、3倍です。
③トラックの割合は 14 ％ です。トラックとタク
シーをあわせると、14＋6＝20 で 20 ％ にな
るので、$\frac{20}{100}＝\frac{1}{5}$ になります。
④乗用車の割合は 52 ％ で、小数で表すと 0.52
になります。学校の前を通った車は 350 台なの
で、350×0.52＝182 で、182 台です。

⑰ 角柱と円柱

ぴったり1 準備　116ページ

❶ ⑴三角形、五角形　⑵長方形、5　⑶8、10　⑷15

ぴったり2 練習　117ページ　　　　　てびき

❶ ①底面…三角形、角柱…三角柱
②底面…四角形、角柱…四角柱
③底面…五角形、角柱…五角柱

❷ ①平行　②長方形　③垂直

❸ ①六角柱
②六角形
③頂点の数…12、辺の数…18、面の数…8

❶ ①角柱の底面は、必ずしも下側にあるとはかぎりま
せん。合同で平行な 2 つの面が底面です。
②角柱の名前は、底面の形によってきまります。底
面が三角形ならば三角柱、四角形ならば四角柱、
五角形ならば五角柱、…といいます。

❸ ③頂点の数は底面の頂点の数の 2 倍になっていて、
辺の数は底面の頂点の数の 3 倍になっています。
また、面の数は、底面の辺の数＋2 になっていま
す。六角柱の底面は六角形で、六角形の頂点の数
は 6 つなので、頂点の数は 6×2＝12 で 12、
辺の数は 6×3＝18 で 18、面の数は 6＋2＝8
で、8 です。

ぴったり1 準備　118ページ

❶ ⑴円　⑵曲面
❷ ⑴5　⑵9
❸ ⑴5　⑵4、12.56

① ①円　②平行　合同　③円柱

② ①

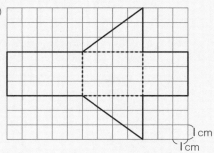

②

③

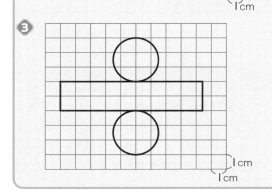

1cm
1cm

① 円柱では、2つの底面は平行で、合同な円です。

② ①三角柱なので、側面が3つ、底面（三角形）が2つ
あることに注意してかきます。
②円柱なので、側面は長方形が1つ、底面は円が2
つあることに注意してかきます。

③ 見取図は右の図のようになりま
す。底面は直径3cmの円、側
面はたてが2cmで、横が
3×3.14=9.42で、
9.42cmの長方形になります。

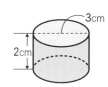
3cm
2cm

① ①底面…三角形、立体…三角柱
②底面…円、　　　立体…円柱
③底面…六角形、立体…六角柱

② ①五角柱
②面FGHIJ
③5つ

③ ①円柱
②25.12cm
③6cm

① 平行で、合同な2つの面が底面です。角柱は、底面
の形によって名前がきまります。

② ①底面の形が五角形なので、五角柱です。
②面ABCDEは底面です。角柱の2つの底面は平
行になっているので、面ABCDEに平行な面は、
もう1つの底面の面FGHIJです。
③角柱の側面は、底面に垂直になっています。五角
柱の側面は、5つあります。

③ ②辺ADは、底面の円周の長さと同じになるので、
4×2×3.14=25.12で、25.12cmです。
③2つの底面にはさまれた垂直な直線の長さが高さ
です。この展開図の円柱の高さは、辺ABの長さ
になるので、6cmです。

④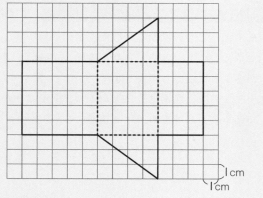

1cm
1cm

⑤ ①四角柱
　②点C、点K
　③辺JI
　④面◯、面◯、面◯、面◯

⑥ ◯

④ 底面の3cmと4cmの辺の間は、直角になっていることに注意してかきましょう。

⑤ ①組み立てると、右の図のような四角柱ができます。
　④面◯は底面です。底面と垂直になる面は側面で、全部で4つあります。
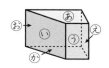

⑥ ⑦、⑦は組み立てられますが、◯は辺の長さがちがうものがあり、組み立てられません。

活用 もっとジャンプ

お得なプランを選ぼう　**122〜123**ページ　　てびき

❶
プラン		基本プラン	Aプラン	Bプラン
入場料	(円)	900	2500	3500
ジェットコースター	(円)	500	0	0
観覧車	(円)	400	0	0
迷路	(円)	300	0	0
空中ブランコ	(円)	300	100	0
合計(円)		2400	2600	3500

基本

❷ ①
回数 (回)	0	1	2	3	4
基本プラン (回)	900	1400	1900	2400	2900
Aプラン (回)	2500	2500	2500	2500	2800
Bプラン (回)	3500	3500	3500	3500	3500

A

②
回数 (回)	5	6	7	8
基本プラン (回)	3400	3900	4400	4900
Aプラン (回)	3100	3400	3700	4000
Bプラン (回)	3500	3500	3500	3500

7

❶ Aプランでは無料券が3まい使えます。また、空中ブランコは200円引きになるので100円で乗れます。
Bプランは、3500円で乗り放題です。

❷ ①基本プランでは、ジェットコースターの4回分の料金が加算されます。
　Aプランでは、無料券が3回めまで使えます。
　4回めは、200円引きになるので300円で乗れます。
②基本プランでは、ジェットコースターの料金500円が毎回加算されます。
　Aプランでは、4回め以降300円が加算されます。

2人が出会うまでの時間　124～125ページ　てびき

❶ ①

歩いた時間 (分)	0	1	2	3	〜	5
まなみさんの歩いた道のり (m)	0	70	140	210	〜	350
ひろしさんの歩いた道のり (m)	0	90	180	270	〜	450
2人あわせた道のり (m)	0	160	320	480	〜	800

480 m

②5分後

❷ 9分後

❸ ①980 m

②

お母さんが追いかけた時間 (分)	0	1	2	3	〜	7
まなみさんが進んだ道のり (m)	980	1050	1120	1190	〜	1470
お母さんが進んだ道のり (m)	0	210	420	630	〜	1470
2人の間の道のり (m)	980	840	700	560	〜	0

140　140

420 m

③7分後

❹

お父さんが追いかけた時間 (分)	0	1	2	3	〜	6
ひろしさんが進んだ道のり (m)	900	990	1080	1170	〜	1440
お父さんが進んだ道のり (m)	0	240	480	720	〜	1440
2人の間の道のり (m)	900	750	600	450	〜	0

150　150

6分後

❶ ①歩いた時間が3分までの表をかいて答えを求めます。

②さらに表をかいていくと、5分後に2人あわせた道のりが800 mになって、出会うことがわかります。

式で求めることもできます。

1分間に (70＋90) m ずつ近づくので、

800÷(70＋90)＝5 (分後)

❷ 表をかくと、次のようになります。

歩いた時間 (分)	0	1	2	3	〜	9
まなみさんの歩いた道のり (m)	0	70	140	210	〜	630
お母さんの歩いた道のり (m)	0	80	160	240	〜	720
2人あわせた道のり (m)	0	150	300	450	〜	1350

150　150

式で求めることもできます。

1分間に (70＋80) m ずつ近づくので、

1350÷(70＋80)＝9 (分後)

❸ ①70×14＝980(m)

②お母さんが追いかけた時間が3分までの表をかいて、答えを求めます。

③表をかいていくと、7分後に2人の道のりが0 mになって、追いつくことがわかります。

式で求めることもできます。

1分間に (210－70) m ずつちぢまるので、

980÷(210－70)＝7 (分後)

❹ 式で求めることもできます。

はじめは 90×10＝900 で 900 m はなれています。

1分間に (240－90) m ずつちぢまるので、

900÷(240－90)＝6 (分後)

まとめのテスト　126ページ　てびき

1 ①4.207
②56.9
③0.0803

2 ①1.12　②16.2
③1.332　④0.208

3 ①45　②2.4
③2あまり0.51　④1.7

4 ①42、84、126
②1、2、3、4、6、12

5 ①<　②>

6 ①$1\frac{5}{12}\left(\frac{17}{12}\right)$　②$1\frac{21}{40}\left(\frac{61}{40}\right)$
③$1\frac{1}{3}\left(\frac{4}{3}\right)$　④$3\frac{8}{9}\left(\frac{35}{9}\right)$
⑤$\frac{13}{36}$　⑥$\frac{1}{4}$
⑦$\frac{1}{4}$　⑧$2\frac{1}{6}\left(\frac{13}{6}\right)$

7 8人

---

1 ②100倍すると、小数点は右へ2けた移ります。

③$\frac{1}{100}$にすると、小数点は左へ2けた移ります。

2 ②
```
    4.5
  × 3.6
   2 7 0
 1 3 5
 1 6.2 0
```
③
```
   0.74
 ×  1.8
  5 9 2
  7 4
 1.3 3 2
```
④
```
    0.65
 × 0.3 2
  1 3 0
 1 9 5
 0.2 0 8 0
```

3 ②
```
        2.4
 0.7 )1 6.8
      1 4
        2 8
        2 8
          0
```
③
```
          2
 0.8 5 )2.2 1
        1 7 0
          0.5 1
```
④
```
          7
 3.2 )5.4 1 6.8
      3 2
      2 2 0
      1 9 2
        2 8 0
        2 5 6
          2 4
```

4 ①14と21の最小公倍数は42なので、42の倍数を小さいほうから順に3つかきます。
②24の約数は、1、2、3、4、6、8、12、24、36の約数は、1、2、3、4、6、9、12、18、36です。
両方の約数が公約数になります。

5 ①は通分して、②は小数にそろえて比べます。
①$\frac{5}{6}=\frac{15}{18}$、$\frac{8}{9}=\frac{16}{18}$なので、$\frac{5}{6}<\frac{8}{9}$です。
②$\frac{5}{4}=5\div4=1.25$なので、$\frac{5}{4}>1.24$です。

6 ④$2\frac{1}{3}+1\frac{5}{9}=2\frac{3}{9}+1\frac{5}{9}=3\frac{8}{9}$
⑧$4\frac{7}{10}-2\frac{8}{15}=4\frac{21}{30}-2\frac{16}{30}=2\frac{5}{30}=2\frac{1}{6}$

7 あまりが出ないように分ける子どもの人数は、56と80の公約数になります。できるだけ多くの子どもに分けるには、最大公約数にすればよいので、8人になります。

❶ 辺BC

❷ ①40° ②102°

❸ ①90 cm² ②55 cm²
　 ③72 cm² ④54 cm²

❹ ①40°
　 ②140°

❺ 1400 cm³

❻ 9.42 cm

❼ A市…962人、B市…627人

❶ 2つの辺の長さと、その間の角の大きさがわかれば、三角形をかくことができます。

❷ ①三角形の2つの角の大きさの和は、もう1つの角の外側の角の大きさと等しいことから、
　　⑦＋30°＝70°
　　⑦＝70°－30°＝40°
　②四角形の4つの角の大きさの和は、360°です。
　　①＝360°－(100°＋60°＋98°)＝102°

❸ ①三角形の面積＝底辺×高さ÷2　の式にあてはめます。12×15÷2＝90で、90 cm² です。
　②平行四辺形の面積＝底辺×高さ　の式にあてはめます。5×11＝55で、55 cm² です。
　③台形の面積＝(上底＋下底)×高さ÷2　の式にあてはめます。(4＋12)×9÷2＝72で、72 cm² です。
　④ひし形の面積＝対角線×対角線÷2　の式にあてはめます。(3×2)×(9×2)÷2＝54で、54 cm² です。

❹ ①正九角形は、円の中心のまわりの角を9等分してかくことができます。360°÷9＝40°で、角AOBは40°です。
　②三角形ABOは二等辺三角形なので、角ABOは(180°－40°)÷2＝70°です。角CBOも同様にして求めると70°になるので、角ABCは70°＋70°＝140°で、140°です。

❺ たての線で2つの直方体に分けて求めます。
　5×14×(14－8)＝420、
　5×(28－14)×14＝980
　420＋980＝1400で、1400 cm³ です。
　(別の解き方)
　①横の線で2つの直方体に分けます。
　②大きな直方体から欠けている部分をひきます。

❻ 辺ABは、底面の円周の長さと同じになるので、3×3.14＝9.42で、9.42 cm です。

❼ 人口密度＝人口(人)÷面積(km²)　の式にあてはめます。
　A市　450397÷468＝962.3…　で、962人
　B市　404216÷645＝626.6…　で、627人

1 ①0.48　②0.327
　　③1.25　④0.8

2 ①式　30÷50＝0.6　　　　　　　　答え　60（%）
　　②式　2400×0.75＝1800　　答え 1800（円）
　　③式　4.5÷0.3＝15　　　　　　　答え　15（kg）

3 ①（表の上から）32、20、13、7、28、100
　　②

旅行したい国の人数の割合

| イタリア | フランス | アメリカ | | エジプト その他 |

0　10　20　30　40　50　60　70　80　90　100（%）

4 ①式　1－0.2＝0.8
　　　　3200×0.8＝2560　　答え　2560円
　　②A店

5 ①1.5×□＝△
　　　（□×1.5＝△）
　　②比例（している）

6 ①6＋5×（□－1）＝△
　　　（1＋5×□＝△）
　　②51本

1 1%＝0.01、1割＝0.1です。
百分率で表された割合は100で、歩合で表された
割合は10でわると、小数や整数で表せます。

2 ①割合＝比べる量÷もとにする量　の式で求めま
　　す。0.6を百分率で表すと60%です。
　　②比べる量＝もとにする量×割合　の式で求めま
　　す。75%を小数で表して、式にあてはめます。
　　③もとにする量＝比べる量÷割合　の式で求めま
　　す。30%を小数で表して、式にあてはめます。

3 ①イタリア　65÷200＝0.325　→ 33%
　　フランス　40÷200＝0.2　　　→ 20%
　　　
　　アメリカ　25÷200＝0.125　→ 13%
　　エジプト　14÷200＝0.07　　→ 7%
　　その他　　56÷200＝0.28　　→ 28%
　　割合の合計が100%にならないので、割合の
　　いちばん大きいイタリアの割合を1%減らして
　　32%にし、合計を100%にします。

4 ①3200×0.2＝640　　3200－640＝2560
　　と求めることもできます。
　　②B店は、3200－600＝2600で、2600円で
　　売っています。よって、A店のほうが安いねだん
　　で買うことができます。

5 ①表をたてに見ると、高さ□cmの1.5倍が面積
　　△cm²になっています。
　　②表を横に見ると、高さ□cmが2倍、3倍、…に
　　なると、面積△cm²も2倍、3倍、…になって
　　いるので、△は□に比例しています。

6 ①

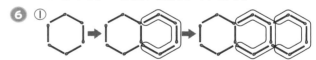

6＋5×（□－1）＝△となります。
　　②①の式に、□＝10をあてはめます。
　　6＋5×（10－1）＝51で、51本です。

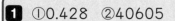

1 ①0.428 ②40605

2 ①23
②0.351

3 ⑤、⑰

4 ①3.5 cm ②68°

5 ①2500 ②480

6 ⑥、⑰

7 ⑧、⑰

8 ①37° ②62°
③84° ④101°

9 ①5.12 ②3.9
③0.91 ④0.108

10 ①34 ②4.5
③9あまり0.7 ④8あまり0.15

11 ①86
②79

12 ①280 cm³ ②216 m³

13 式 2.8×6.5=18.2　　　　答え　18.2 kg

14 式 34.5÷7.5=4.6　　　　答え　4.6 cm

15 150°

---

1 ①0.4 と 0.02 と 0.008 をあわせた数です。
②5 と 600 と 40000 をあわせた数です。

2 ①100 倍すると、小数点が右へ2けた移ります。
②$\frac{1}{100}$ にすると、小数点は左へ2けた移ります。

3 合同な図形とは、うら返したり、回転したり、ずらしたりして、ぴったり重ねあわせることができる図形のことです。

4 合同な図形では、対応する辺の長さは等しく、対応する角の大きさも等しくなっています。

5 ①1L=1000 cm³ です。
②1m³=1000 L です。

6 1より小さい数をかけると、積はかけられる数より小さくなります。

7 1より小さい数でわると、商はわられる数より大きくなります。

8 ①180°−(48°+95°)=37°
②100°−38°=62°
③360°−(88°+98°+90°)=84°
④180°−80°=100°　　180°−86°=94°
　360°−(100°+94°+65°)=101°

9
	②	③	④
	2.6	0.65	0.45
	×1.5	× 1.4	×0.24
	130	260	180
	26	65	90
	3.9⊘	0.91⊘	0.108⊘

10
② 　　　4.5
0.36)1.62
　　　 144
　　　 180
　　　 180
　　　　 0

④ 　　　8
0.42)3.51
　　　 336
　　　 0.15

11 ①2.5×8.6×4=8.6×(2.5×4)=8.6×10
　=86
②7.9×6.7+7.9×3.3=7.9×(6.7+3.3)
　=7.9×10=79

12 ①14×5×4=280で、280 cm³ です。
②6×6×6=216で、216 m³ です。

13 ことばの式に表すと、
1m あたりの重さ×長さ=重さ　となります。

14 たての長さを□ cm とすると、□×7.5=34.5
という式がつくれます。

15 六角形の6つの角の大きさの和は、
180°×4=720°で、720° です。
720°−(106°+120°+114°+130°+100°)
=150°

☆冬のチャレンジテスト

1 偶数…0、2、34、412
奇数…1、7、15、877、6455

2 ①24　②80

3 ①3　②8

4 ①$\dfrac{3}{4}$　②$\dfrac{1}{4}$

5 ①$\left(\dfrac{10}{15},\ \dfrac{3}{15}\right)$　②$\left(\dfrac{15}{18},\ \dfrac{8}{18}\right)$

6 ①18.84 cm　②50.24 m

7 ①42 cm²　②31.5 cm²
③60 cm²　④40 cm²

8 ①式　4×6.5÷2＝13　　　答え　13 cm²
②式　3×8＝24　　　答え　24 cm²

9 ①正十角形　②36°　③二等辺三角形

10 ①$\dfrac{14}{15}$　②$\dfrac{19}{24}$
③$2\dfrac{1}{2}\left(\dfrac{5}{2}\right)$　④$\dfrac{6}{35}$
⑤$\dfrac{11}{18}$　⑥$1\dfrac{5}{12}\left(\dfrac{17}{12}\right)$

11 23.5 ページ

12 Aの機械

13 5918人

14 ①午前7時18分　②9回

---

1 偶数は、2でわりきれる数で、奇数は、2でわって1あまる数です。

2 ①12の倍数の中から、いちばん小さい8の倍数を見つけます。12、㉔、…
②20の倍数の中から、いちばん小さい16の倍数を見つけます。20、40、60、㊿、…

3 ①9の約数の中から、いちばん大きい15の約数を見つけます。1、③、9
②16の約数の中からいちばん大きい24の約数を見つけます。1、2、4、⑧、16

4 約分するときは、ふつう、分母をできるだけ小さくします。

5 通分するときには、ふつう、それぞれの分母の最小公倍数を分母にします。

6 ①6×3.14＝18.84で、18.84 cmです。
②8×2×3.14＝50.24で、50.24 mです。

7 それぞれ面積の公式にあてはめます。
③(6＋9)×8÷2＝60(cm²)
④対角線は8cmと10cmです。
　8×10÷2＝40(cm²)

8 底辺に垂直にひいた直線が高さです。
②平行四辺形の面積＝底辺×高さ

9 ②360°÷10＝36°で、36°です。
③OAとOBの長さが等しい二等辺三角形です。

10 通分して計算します。
②$\dfrac{1}{8}+\dfrac{2}{3}=\dfrac{3}{24}+\dfrac{16}{24}=\dfrac{19}{24}$
③$1\dfrac{2}{3}+\dfrac{5}{6}=\dfrac{5}{3}+\dfrac{5}{6}=\dfrac{10}{6}+\dfrac{5}{6}=\dfrac{15}{6}=\dfrac{5}{2}=2\dfrac{1}{2}$
⑤$\dfrac{5}{6}-\dfrac{2}{9}=\dfrac{15}{18}-\dfrac{4}{18}=\dfrac{11}{18}$
⑥$2\dfrac{1}{6}-\dfrac{3}{4}=\dfrac{13}{6}-\dfrac{3}{4}=\dfrac{26}{12}-\dfrac{9}{12}=\dfrac{17}{12}=1\dfrac{5}{12}$

11 0ページの日もふくめて考えます。
(27＋30＋18＋32＋0＋34)÷6＝23.5(ページ)

12 1分あたりにつくることができる箱の個数で比べます。
A　700÷50＝14(個)
B　720÷60＝12(個)

13 426103÷72＝5918.0…　で、5918人です。

14 ①6と9の最小公倍数の18分後に同時に出発します。
②180÷18＝10　　10－1＝9で、9回あります。

15 2倍

16 式 小びんに入るジュースの量を□Lとしてか
け算の式に表すと
$$□×1.6=0.72$$
$$□=0.72÷1.6$$
$$□=0.45$$　　　　答え　0.45L

春のチャレンジテスト

てびき

1 ① $\frac{19}{10}$ $\left(1\frac{9}{10}\right)$ ② $\frac{37}{100}$

2 ①32％ ②120％ ③0.87 ④2.67

3 ①底面…五角形、立体…五角柱
②底面…円、　　　立体…円柱

4 六角形、垂直

5 ①（表の上から）38、15、7、40

②
庭園の面積の割合

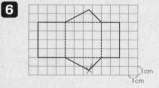
③
庭園の面積の割合

しばふ	花だん	池	その他

0 10 20 30 40 50 60 70 80 90 100(%)

6

7 ①円柱
②18.84 cm
③7 cm

8 $\frac{3}{7}$ 倍

9 式 1－0.2＝0.8
3500×0.8＝2800　　　答え　2800円

10 C店

11 ①28％
②2倍
③ $\frac{1}{2}$
④88人

---

1 小数第一位までの小数は分母を10、小数第二位ま
での小数は分母を100とする分数で表せます。

2 ①0.32×100＝32で、32％です。
③87÷100＝0.87で、0.87です。

3 ①角柱の名前は、底面の形できまります。

4 角柱の側面は、長方形や正方形です。

5 庭園の面積全体をもとにして、それぞれの割合を百
分率で求めます。

6 見取図の立体は三角柱です。三角柱の底面は2つ、
側面は3つあります。

7 ②辺ADの長さは、半径3cmの円の円周と同じ長
さです。3×2×3.14＝18.84
③円柱の高さは、辺ABの長さと同じです。

8 3÷7＝$\frac{3}{7}$

9 比べる量を求める問題です。2割引きなので、売り
値は、定価の0.8倍になります。

10 Tシャツの値段を比べると
A店　3600－900＝2700
B店　3600×0.2＝720　3600－720＝2880
C店　3600×0.7＝2520

11 ②好きな人の割合はドッジボールが28％、野球
は14％だから、28÷14＝2
④ダンスが好きな人の割合は22％だから、
400×0.22＝88

1 ①68 ②0.634

2 ①0.437 ②20.57 ③156

④3.25 ⑤$\frac{6}{5}$($1\frac{1}{5}$) ⑥$\frac{1}{6}$

3 $\frac{5}{2}$、2、$1\frac{1}{3}$、$\frac{3}{4}$、0.5

4 ⑦、あ、い

5 ①36 ②奇数

6 ①6人

②えん筆…4本、消しゴム…3個

7 ①6cm ②36 cm²

8 19 cm³

9 ①三角柱 ②6cm ③12 cm

10 辺AC、角B

11 108°

12 500 mL

13 ①式　72÷0.08＝900

答え　900t

②

ある町の農作物の生産量

農作物の種類	米	麦	みかん	ピーマン	その他	合計
生産量(t)	315	225	180	72	108	900
割合(%)	35	25	20	8	12	100

③　**ある町の農作物の生産量**

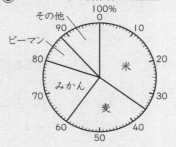

14 ①式　(7＋6＋13＋9)÷4＝8.75

答え　8.75本

②⑦

15 ①

直径の長さ(○cm)	1	2	3	4
円周の長さ(△cm)	3.14	6.28	9.42	12.56

②○×3.14＝△　③比例

④短いのは…直線アイ(の長さ)

わけ…(例)1つの円の円周の長さは

直径の3.14倍で、直線

アイの長さは直径の3倍

だから。

1 ①小数点を右に2けた移します。

②小数点を左に1けた移します。小数点の左に0をつけく

わえるのをわすれないようにしましょう。

3 分数をそれぞれ小数になおすと、

$\frac{5}{2}=5÷2=2.5$、　$\frac{3}{4}=3÷4=0.75$、

$1\frac{1}{3}=1+1÷3=1+0.33…=1.33…$

4 例えば、あ、うの速さを、それぞれ分速になおして比べます。

あ 15×60＝900　分速900 m

う 60 km は 60000 m で、60000÷60＝1000

分速1000 m

5 ①9と12の最小公倍数を求めます。

②・2組の人数は1組の人数より1人多い

・2組の人数は偶数だから、1組の人数は、偶数－1で、

奇数になります。

6 ①24と18の最大公約数を求めます。

7 ①台形ABCDの高さは、三角形ACDの底辺を辺ADとしたと

きの高さと等しくなります。12×2÷4＝6(cm)

②(4＋8)×6÷2＝36(cm²)

8 例えば、右の図のように、3つの

立体に分けて計算します。

あ6×1×1＝6(cm³)

い(3＋1)×(5－1－1)×1＝12(cm³)

う1×1×1＝1(cm³)

だから、あわせて、6＋12＋1＝19(cm³)

ほかにも、分け方はいろいろ考えられます。

9 ③ABの長さは、底面のまわりの長さになります。

だから、5＋3＋4＝12(cm)

10 辺ACの長さ、または角Bの大きさがわかれば、三角形をか

くことができます。

11 正五角形は5つの角の大きさがすべて等しいので、

1つの角の大きさは、540°÷5＝108°

12 これまで売られていたお茶の量を□ mL として式をかくと、

□×(1＋0.2)＝600

□を求める式は、600÷1.2＝500

13 ①(比べられる量)÷(割合)でもとにする量が求められます。

14 ②1組と4組の花だんは面積がちがいます。花の本数でこみ

ぐあいを比べるときは、面積を同じにして比べないと比べ

られないので、⑦はまちがっています。

15 ③「比例の関係」、「比例している」など、「比例」ということば

が入っていれば正解です。

④わけは、円周の長さと直線アイの長さがそれぞれ直径の何

倍になるかで比べられていれば正解とします。